黃榮華，申珊珊　著

品牌力量

無名小公司到
全球企業帝國
麻雀變鳳凰的契機

「想成為最後1%存活的創業人，
品牌經營是你最需要具備的能力。」

成功的品牌經營，讓你擁有一票死忠顧客，
變成你不花錢雇傭的員工

如何打造品牌力？

- 說個故事
- 文化創意
- 產品服務
- 經營管理
- 商業策略
- 廣告行銷

崧燁文化

目錄

前 言

第一章　深入人心的品牌文化

第二章　從細微處看品牌

目錄

前言

隨著物質生活水準的提高，人們越來越重視自身的生活品質。品牌消費已成為人們展示自我的平臺。品牌對於消費者而言，已不是一種單一的產品，而是一種格調，一種品味。不同品牌間的差異化，也體現了人們不同的生活態度。

但多數人在消費品牌時，是盲目的，只是將其作為一種時尚。真正懂品牌的人，是視消費品牌為自己生活的一部分，品牌就是自己的另類代言。這才是品牌消費的真諦所在。

「隨風潛入夜，潤物細無聲」，有時無聲的力量比有聲的傳遞更加震撼人心。品牌雖然無法進行語言表達，但卻凝聚了更多語言之外的東西。一個品牌要想準確地向消費者表達自己，是需要在文化、行銷、市場、管理、細節、品質、謀略等方面進行綜合考量，也正是在這些因素的共同作用下，品牌才能悄無聲息地進入消費者的心中。

說話引用經典，生活消費品牌，已成為當今社會的一種趨勢。品牌是一種無形的資產，給擁有者帶來身價、產生增值，品牌於當今社會的意義遠遠超出了其產品本身，它被人們賦予了更多的含義。品牌消費不但滿足了人們對面子的需求，也提出人們對個性展現的訴求，這樣的產品一問世，自然就會引發關注。

前言

社會各界都在談品牌，企業希望能夠經營好自己的品牌，媒體也在傳播各種品牌理念。但當前我們的品牌觀念存在很多誤區，很多人對品牌的認識並不清晰，造成其塑造品牌的行為模糊、隨意，產生的品牌自然也不盡如人意。

本書從品牌本身出發，從企業的視角深入品牌產生的背後，讓我們在瞭解品牌的同時，清晰地看到品牌發展的畫面。告訴你，好品牌自己會說話的祕密。

第一章　深入人心的品牌文化

一個優秀品牌能在市場上拿到話語權是需要多方配合的，任何一個環節出現問題，都會導致品牌在市場上失去應有的地位。

品牌文化做為品牌的旗幟，經過了長時間的錘鍊，是民族文化精神的高度提煉和人類美好價值觀念的共同昇華，凝結著時代文明發展的精髓，宣導人們健康向上、奮發有為的人生信條。可以說，品牌文化是品牌的靈魂所在，一個好的品牌文化，可以延長品牌的生命週期，讓更多的消費者走進品牌的內心世界。

第一節　一切皆有可能

在人們物質生活水準不斷提高的今天，精神的需求大於以往任何時候，品牌文化也在這片「土壤」上孕育而生。它用自己的影響力，引領人們走向更加豐富、精彩的生活。然而，一個優秀的品牌文化，並不是一成不變的，它是根據品牌的發展，人們的思想變化來進行適時調整的。品牌文化將與時俱進，深入人心作為其發展的理念。

在現代社會有個觀點：「只有想不到的，沒有做不到的」，這是人們自信的一種表現，是人類社會的進步。於是，一切皆有可能就成為人們現在普遍流行的價值觀。

提到「一切皆有可能」可以說說中國的「李寧（LI-NING）」品牌，它是中國製造的著名品牌。李寧的成長史是一部長篇著作，其包含著一個企業由弱到強的奮鬥故事和經歷。這一點，從它的品牌文化的變化中我們可以更加深切的感受到。

李寧的品牌文化一直以適應時代為核心思想，從最早的「中國新一代的希望」到「把精彩留給自己」、「我運動我存在」、「運動之美世界共用」、「出色，源自本色」，到現在的「一切皆有可能」，李寧品牌逐步積澱出它獨有的內涵。李寧品牌文化的改變，從另一個側面折射出了品牌的發展歷程，也讓人們從品牌文化的改變中，體會到了品牌價值觀的變化。這種改變，讓品牌與人們的思維同步，從而引起消費者思想上的共鳴，為品牌的進一步發展打開了局面。

品牌文化是體現品牌人格化的一種文化現象。一旦某種品牌文化在消費者心智上建立起來，選用該品牌就會成為消費者理解、接近該種文化的一種途徑。塑造品牌文化，就是將單純的品牌看成一個有思想的「消費者」。這個「消費者」是品牌目標市場的典型代表，瞭解目標市場的心態，或是這個目標市場追求中的偶像。而這也是李寧所要追求的目標。

記得，在李寧的「一切皆有可能」的廣告中，有一則是用李寧小時候的身影，再現了那段年少時美好的回憶，傳達出體育無處不在的理念，從而引出「一切皆有可能」的體育精神。傳遞出李寧品牌的文化內涵。這樣引人深思的廣告是不多見的，李寧品牌文化也是在這樣一則創意廣告中，得到了完美的演繹。

品牌文化的核心是文化內涵，具體而言是其蘊涵著深刻的價值內涵和情感內涵，也就是品牌所凝練的價值觀念、生活態度、審美情趣、個性修養、時尚品味、情感訴求等精神象徵。用廣告創意的方式，向大眾傳遞品牌文化的內涵，是品牌成功走向市場，在消費者心中占據一席之地的主要影響因素。

據說當時李寧的總裁張志勇興奮得手舞足蹈，並非讚美他的廣告多麼有創意，而是品牌定位成功因為廣告被詮釋，重新使自己的品牌成為一種被高度認知的價值承諾「李寧」提供的絕不僅僅是體育用品，而是在傳遞一種人生信念、生活品質和思想境界。

這類品牌文化可以更有助於消費者瞭解品牌的內在。

自然，品牌不能靠「一切皆有可能」這一句廣告詞來支撐，站在這個宣傳語背後的是產品。經由創造產品的物質效用與品牌精神高度統一的完美境界，能超越時空的限制帶給消費者更多的高層次的滿足、心靈的慰藉和精神的寄託，在消費者心靈深處形成潛在的文化認同和情感眷戀，這才是品牌文化應發揮的作用，也是品牌深入人心的首要條件。

廣告已成為一種宣傳品牌文化的重要途徑。越來越多的品牌經由廣告被消費者熟知，但想在廣告中傳遞出品牌的文化內涵還需要多方面的支撐，這是一個無限擴張的過程，不能只局限於某個群體。而要讓大眾知道你的存在，吸引他們的注意力，理解你的品牌所帶來的理念，最後選擇你的產品，並且心甘情願地為它們買單。這就是品牌文化的魅力所在。

李寧公司對品牌文化十分注重，他們為了更好的宣傳自己的品牌文化，還贊助舉辦了大學生三對三籃球賽，其賽制和「一切皆有可能」的品牌文化十分貼切，提出「不服就單挑」的口號，這一活動受到了大學生的歡迎，而且學生族群是李寧產品重要的消費群體，在品牌的親和力和認知度上，比起單純利用「明星與廣告」的行銷模式開拓市場的做法，這一宣傳要明智許多。同時，讓李寧的品牌文化走入更多人的心中，從而形成潛在的消費群體。

李寧相信：人有無限潛能。運動讓人更加自信，敢於表現，不斷發掘潛能、超越自我——有這樣的品牌觀，並始終不渝地付諸實踐。今日的李寧公司，不僅是一家體育用品的創造企業，也是一種健康生活方式的傳播者、推動者。以累積而來的自信，把握歷史賦予的機遇，迎接全球市場的挑戰，實踐李寧的使命——我們以體育激發人們突破的渴望和力量！品牌文化已經成為李寧的一種標誌，它引領著更多的人走向更加充滿希望的未來。李寧正用自己品牌文化的力量影響著一代又一代有潛能的人。

用品牌文化打造品牌消費，已是當今社會品牌打造不可或缺的一個環節，品牌文化不再是品牌的附屬，它已成為開拓品牌的推手，是讓品牌從獨木橋走向寬廣的羅馬之路的強大力量。

第二節　精神需要不斷傳遞

身為品牌文化的創造者，需要切身實行，榜樣的力量是無形的，但也是任何力量都無法比擬的。精神是需要不斷傳遞的，只有這樣，才能讓品牌文化延續下去，獲得更多人的認可。

一個品牌要想真正走向世界，就要有優秀品牌文化做支撐，品牌文化作為企業文化的一個分支，雖然只是一部分，但卻可以從中解讀出企業的立身之本，看到品牌受歡迎的背後故事。

品牌文化的創造者要以身作則，只有這樣，才能真正讓品牌文化探出更長的觸角。這也是讓品牌之「文化」擁有市占率的明智之舉。

「恆源祥」，一個擁有八十多年歷史的老字號服飾品牌。從起步至今，幾經風雨，終於有了現在的影響力，破繭成蝶是對恆源祥品牌成長的恰當形容。

恆源祥早就認識到文化是終極競爭力。他們明白，要想在強者如林的市場競爭中占據一席之地，就要在品牌上面下功夫，建立具有差異化的個性和文化，讓自己的品牌文化被消費者所認同和接受，能夠充分滿足消費者生理的、心理的和精神的需求，唯有如此，才能讓品牌在市場競爭中生存並得到快速發展。

每個品牌文化的發展史都是一本厚厚的教科書。成功者，可以為我們提供方式方法；失敗者，可以讓我們吸取經驗教訓。品牌文化的發展見證了品牌的發展，恆源祥正是看到了品牌文化的重要性，在品牌不斷發展過程中，一直致力於品牌文化的建設。特別是近二十年來所實施的以品牌文化為先導的品牌策略，使恆源祥積澱了深厚的文化底蘊，在品牌文化建設方面積累了豐富的經驗，也為自己的發展找到了一個明確的方向。

恆源祥以文化為根本出發點，經營的是文化，發展的也是文化。在文化的不斷發展更新中，促進恆源祥品牌的全面發展。可以說，恆源祥之所以能有今天的成就，與它繼承傳統歷史文化，不斷創新品牌文化有著密不可分的關係。

在建設品牌文化的過程中，恆源祥始終將自己的品牌文化深深地扎根於中華民族文化的沃土之中。作為品牌商標標誌的「恆源祥」三個字，就是由八十年前恆源祥的創始人沈萊舟先生取自一副春聯：「恆羅百貨，源發千祥」，此中蘊含著深刻的文化內涵——恆：恆古長久；源：源遠流長；祥：吉祥如意，合起來就是：恆源祥將給天下人帶來源源不斷的吉祥和財富。如今，我們又賦予「恆源祥」以新的含義：恆代表天時，源代表地利，祥代表人和，擁有恆源祥就擁有天時地利人和。這是一種完美的擁有，同時，也是一種真心的祝福。恆源祥在向大眾傳遞品牌文化的同時，自己也以品牌文化為指標，不斷進取，旨在激烈的市場競爭中得到快速發展。

恆源祥的品牌傳播是以文化傳播為先導的。記得在好多年前，恆源祥耗費鉅資在澳洲拍攝出一部經典廣告片，片中為我們展現了這樣一幅畫面：在風景秀美的澳洲大草原上，一萬四千頭羊在草原上漫步、嬉戲、奔跑，在奔跑過程中無數隻羊匯聚成「恆源祥」三個大字。恆源祥用這個優美的畫面向人們展示了其品牌及其品牌的消費群體高貴、穩重、溫暖、祥和、源遠流長，將中國的儒家思想融入其中，用不斷創新的思維，賦予品牌自然、尊貴的內涵和個性形象，從而走入了消費者的心中。

當時，這則廣告一經播出，便引起了極大的反響，時至今日，仍有許多人對那則優美的廣告記憶猶新。在品牌文化的影響力背後，恆源祥更加注重對品牌文化的投入和建設。幾年前，恆源祥投入鉅資拍攝以恆源祥品牌的建立和發展為主題的二十集大型電視連續劇《與羊共舞》，以一種電視藝術形式在恆源祥和觀眾之間架起了溝通之橋。一九九四年和一九九五年，恆源祥連續舉辦兩屆以體現親情關愛、展示時尚和個性為主題的「九四『小囡杯』母與子絨線編結大賽」和「九五『恆源祥杯』絨線編結大賽」，在中國引起了巨大轟動。二〇〇五年恆源祥在中國首次發起「恆愛行動」大型社會公益慈善活動，以救助和關愛孤殘兒童。參加「恆愛行動」的志願者和愛心人士達到三十萬人次，共有七十一萬件愛心衣物送到孤殘兒童手中。二〇〇八年十二月，「恆愛行動」慈善項目被中國民政部授予「中華慈善獎」。

追求卓越、不斷創新和創造第一，是恆源祥品牌文化和品牌精神的核心，因為人們多記住了第一，而很少有人關注第二。恆源祥這個擁有豐富文化內涵的知名品牌，將體育精神融入品牌文化當中，可以說，在本質上，恆源祥的品牌精神和奧林匹克精神是一脈相承的。

美國當代設計大師，IBM 設計者所言：「最成功的品牌不需要任何描述，它本身就代表一種語言。」由此可見，品牌的魅力，遠遠超過產品本身，品牌的文化是引導品牌發展的導航器。我們常常羨慕成功人士，成功品牌，卻忽略了成功背後的付出。我們有理由相信，將品牌文化精神傳遞下去，這個品牌就會永遠留在人們心中。

第三節　張開成長的翅膀起飛

一九八〇年代後的中國，各式先進管理思想和理念的不斷深入中國並傳播，讓越來越多的中國企業認識到了品牌的重要性，看到了品牌的魅力。因此，許多企業紛紛立志要做大品牌乃至世界品牌。

品牌的建設是一個長期的過程，需要具備長遠的策略眼光；品牌的成功也不是某一方面的成功，是整體的成功。對於中國品牌來說，那種單純的依靠廣告和炒作曝光而建立品牌的時代已經一去不復返，品牌文化已成為促使品牌之鷹展翅翱翔的動力，有了它，品牌才能打破消費的壁壘，進入千家萬戶。

溫室中的花朵雖然嬌豔，但卻經不起任何突來的風雨；躲在雄鷹翅膀下的雛鷹，也永遠無法領略飛翔的自由。同樣，品牌文化也是如此，只有敢於創新和突破，才能有所發展。

有這樣一則故事。

有一天，龍蝦與寄居蟹在深海中相遇，寄居蟹看見龍蝦正把自己的硬殼蛻掉，露出嬌嫩的身軀。寄居蟹非常緊張地說：「龍蝦，你怎麼可以把唯一保護自己身軀的硬殼也放棄呢？難道你不怕有大魚一口把你吃掉嗎？以你現在的情況來看，連急流也會把你沖到岩石上去，到時你不死才怪呢！」龍蝦氣定神閑地回答：「謝謝你的關心，但是你不瞭解，我們龍蝦每次成長，都必須先脫掉舊殼，才能生長出更堅固的外殼，現在面對危險，但也為自己將來發展得更好而做出準備。」寄居蟹細心思量一下，自己整天只找可以避居的地方，而沒有想過如何令自己成長得更強壯，整天只活在別人的護蔭之下，結果限制了自己的發展。

龍蝦與寄居蟹的故事，開啟了我們對品牌文化的全新思考。

其實，品牌文化就像故事中的那只寄居蟹，如果只是一味的固步自封，讓自己始終處於一個看似安全的區域，結果必然是因不思進取而慘遭淘汰。因此，品牌文化的與時俱進，是時代的要求，同時也是品牌不被淘汰的一個先決條件。這也是中國的品牌走出中國市場，在世界引起反響的一個重要面向，沒有良好的品牌文化是很難打入競爭更加激烈的國際市場的。

美國 GEC 通用電氣（General Electric Company, GEC）每年對企業文化和員工培訓的投入達十億美金，德國一位著名的思想家強調，經濟和文化是同一個因果鏈的兩個側面，經濟發展水準是表面現象，其背後一定是文化力的支撐。

國家的富強靠品牌。哪個國家的品牌越高，哪個國家就越富強。「一瓶水征服全世界」，指的是可口可樂，有人說可口可樂主要靠神祕的配方，這只是增加神祕感的面紗，是不真實的，常喝可樂的人都很難分辨出其他可樂與可口可樂的口感和味道有什麼本質區別。其真正的區別是品牌文化。同質時代的產品競爭，背後的文化是十分關鍵的，可口可樂的策略並不是在研究祕方上面大量投入，而是它背後的品牌文化建設已經遠遠領先於中國企業。時至今日，品牌間的競爭已轉變為文化的競爭，忽視文化的力量，品牌必然會失去市場的優勢，從而讓競爭對手有機可乘。

我們知道，中國有五千年的歷史，文化底蘊深厚，但近些年來，中國的文化卻遭到了韓流的衝擊，以致很多人認為「外國的月亮比較圓」，對其進行盲目的崇拜。那麼，韓國是怎樣對中國造成影響的呢？眾所周知，韓國以「文化」立國，以電視劇為龍頭，在中國、亞洲乃至世界掀起了一股強勢的「韓流」。韓流的成功對發展中國文化產業無疑有著重要的借鑒和啟示意義。試問在一個每年出產電視劇達萬集的生產大國，何以會有這麼大的市場空間去容納他國的影像製品？在現在的中國，韓流已成為一種品牌，對中國文化和品牌都產生了極大的影響。

在國際文化貿易中，「品牌」是最為重要的。這就像聽知名男高音帕華洛帝（Luciano Pavarotti）演唱會的人，可能不知道他在唱什麼，甚至根本不懂得音樂，但「帕華洛帝」本身就是品牌，就是賣點，其演唱內容已經不是特別重要。在很多人看來，能與這樣的品牌產生聯繫，本身就是值得驕傲的一件事。許多外來的品牌都是以文化為背景，比如好萊塢電影、日本動漫等，都是品牌文化運作的結果，可以說，品牌文化是品牌走向世界的通道

第四節　你的品牌有粉絲嗎

提到粉絲，很多人首先想到的是明星，這個由崇拜引出的特

殊群體，其熱心程度，沒有經歷過的人是無法真正體會的。現在，由明星粉絲又衍生出了品牌粉絲，很多人對一種品牌情有獨鍾，他們有些共同特點：一是對所鍾愛的品牌瞭若指掌、津津樂道，認為自己長期使用此品牌，有一定的發言權。二是對品牌的忠實猶如宗教信徒般虔誠，自發的對該品牌進行捍衛，對於一些外來的攻擊，積極予以回應。三是他們有意和其他品牌的擁護者區別開來，甚至對其他消費群嗤之以鼻。他們積極參加該品牌舉辦的各種活動，並為自己是該品牌的追隨者而感到驕傲。這群消費者將該品牌不遺餘力地向其他消費者推介包括物質的和精神的。用行銷術語講，這就是「品牌崇拜」。

「為了一支『駱駝』菸，我願多走一里路」這個廣告詞在美國家喻戶曉，一支菸的吸引力有多大，我們從這支廣告中就可瞧出端倪。如果有人問你，你願意為了吸一支菸多走上一英里路嗎？你肯定搖頭。但美國菸民們會像在教堂中婚誓一樣，毫不猶豫的回答「我願意」。這支菸的意義已經超過了實物本身，「Camel（駱駝）」香菸語至今在美國菸民心中經久不衰。不要覺得言過其實，因為這句廣告語來自消費者之口，表達了他對 Camel 香菸的由衷喜愛和讚歎。

一九二〇年，在一場高爾夫球賽的中場休息，一個運動員走向觀眾席，向其中一名觀眾要了一支駱駝香菸。在享受混合著維吉尼亞菸草和土耳其菸草的濃烈芳香的片刻，這位運動員不禁大發感慨：「為了一支『駱駝』，我願多走一里路啊！」湊巧的是，給他香菸的那名觀眾恰巧是駱駝香菸廣告代理公司的員工！這名員工記下了這句感慨並將它帶回公司。後來，駱駝香菸就有了這句經典的廣告語，一用就是三十年。憑著菸民萬般寵愛，駱駝香菸贏得了美國銷量第一的市場地位，這一殊榮持續了四十多年。

駱駝牌香菸發展至今，已擁有了眾多的粉絲，他們用自己的實際行動保護著品牌，讓這個品牌形成良好的口碑，但粉絲們對品牌也並非百依百順，相反，一旦品牌與它一貫宣導的價值觀相違，崇拜者就會發出自己的聲音，敦促其糾正這種偏差行為。而這種力量往往能夠迫使品牌改變決策，回到原來的軌道按崇拜者的意願行事。為什麼這種反作用的力量如此強大？因為品牌擁護者們已經視品牌精神為個人信仰，看似無關緊要的改變對他們而言不亞於信仰危機。

口頭傳述作為成本最為低廉的宣傳方式，在品牌建設中發揮相當大的作用，但口頭傳述只停留在品牌的對外推廣，難以直達消費者內心。

一個企業要想在商場具有較強的競爭力，不僅要打造屬於自己的品牌和文化，還需要消費者的擁護，消費者就是我們所說的粉絲。一個好的品牌不但能吸引新顧客，更重要的是要獲得老顧客的長久支持和信賴，讓他們對該品牌產生一種莫名的吸引，從而在消費的同時，也將品牌的發展作為自己的責任，盡心盡力為品牌進行口碑宣傳，讓更多的人加入到該品牌的消費行列。這就是品牌的粉絲，正是這些粉絲的存在，讓品牌之路越走越遠，而這正是品牌文化所帶來的正面宣傳作用。

第五節　故事讓品牌更有味道

還記得伴隨我們成長的那些故事嗎？是它們的出現，讓我們的人生充滿色彩，人們對故事總是有一些說不清的偏愛，更讓人不理解的是，這種偏愛是毫無理由的。沒有人能說清楚這是為什麼，也許是貼近生活，也許是填補了人們空虛的心靈，總之，故事毫無懸念的成為深受歡迎的文化產物。

眾所皆知，故事與其它枯燥的文章不同，它更深入生活，深入人心，特別是在民間有著很深的基礎和感情，正因為如此，很多品牌在創立之初，就為自己的品牌設計了動人的故事。當然，有些品牌就是在故事的基礎上發展起來的。擁有故事已成為品牌發展的一個基礎，特別是最近幾年，品牌故事已成為一個最有力的賣點，為品牌進一步打開市場做了成功的鋪墊。

如今，海內外都將品牌故事作為一個突破口，用這種方式來推動品牌文化，進一步打開市場，增加品牌在市場中的競爭資本和優勢。但有時，會因沒有真正瞭解目標客戶的心理需求和需求轉化趨勢而在具體實施上很難真正與目標市場接軌，因此，品牌故事需要建立或尋找屬於自己的，符合這個時代人們文化心理的切入點，唯有如此，故事才能深入人心，品牌才能在激烈的市場競爭中生存並發展下去。

這是「隨便扔一個東西，都能砸到與廣告有關的物品」的時代，品牌想要傳播，如果不穿上故事的外衣，會讓人們失去興趣；興趣的流失，直接影響品牌在市場中的競爭力，影響到品牌的生存，故事的重要性已不言而喻。

在一個物質豐盈、精神貧瘠的時代，人們沒有太多理由關注於你的產品，但他們願意傾聽你為他們打造的品牌故事，並為之買單，因為故事裡蘊藏著他們的夢想，這些夢想，將會讓產品也隨之具有特殊的意義。

在這個時代，生產完產品只走完了品牌生產線的一半，還要學會為品牌製造一個好故事。品牌建設之路不只是給有需求的人生產的一種物質產品，更重要的是給有夢想的人一種精神財富。有夢想就會有希望，有希望就永遠不會絕望。現代人，已將生活和生存放在了不同的層次，生存只需要物質，生活卻需要精神與物質並存。品牌在打造初期，它的定位就是提升人們的品味，除了帶給人們物質上的享受外，更多的意義來自於精神層面。因此，故事就成為品牌的一部分，品牌因有了精彩故事，而引起更多人的共鳴和關注。

縱觀世界知名品牌，不難看出，每個品牌都有自己獨特的故事，都有自己的品牌訴求，從而吸引相應的消費者，進而成為眾人仰慕的佼佼者。企業想打造一個成熟的品牌，讓消費者心甘情願的掏腰包，就離不開故事這個華麗的外衣。故事在品牌與消費者之間架起了一道無形的溝通橋梁，讓兩者因共同的希望走到了一起。這個橋梁沒有真實的外型，但卻長久的存在於人們心中。

澳斯曼衛浴的品牌故事《巨匠》，金牌的品牌故事《舞者》，金舵陶瓷品牌故事《貼近好生活》，以及那傳承了百年之久的可口可樂神祕配方的故事，都非常好地傳遞了品牌實力與品牌魅力，這些品牌以故事，在精神層面獲得了消費者的認可。

面對諸侯割據的市場，很多廠商都認識到了品牌建設的重要性，紛紛加大了宣傳力度。然而單純的擲重金宣傳還不夠，如何提高品牌附加價值，則決定了消費者對宣傳結果的認知。然而這種認知就需要連續的、有規律的品牌載體 —— 故事。

有故事的品牌才有市場向心力。行銷最大的關鍵點就是想方設法引導受眾的情緒，使之產生行為衝動。如何引導受眾的情緒，最行之有效的方法就是 —— 講一個動聽的故事。在品牌傳播裡引入故事，以故事情節的強烈感染力來取得目標受眾的注意和共鳴甚至感動，之後在目標受眾喜歡品牌故事的基礎上用「愛屋及烏」的方式記住和喜歡品牌。

「如今，世界上最輕易的賺錢方式是什麼？在家編故事，出門講故事，見人賣故事。」這是當今行銷界廣為流傳的「佳話」。從這一點中，也看出了品牌文化在品牌發展中的重要地位。

在物慾橫流的今天，靈魂的昇華，對很多人而言，已成為一種必須的消費，這是社會發展的必然，也是人們自我提升的一種渴求。這就像人們在飢餓時，需吃飯；口渴時，需喝水一樣，是一種本能的需求。我們都願意讀有更多故事情節的文章，動人的情節，呼之欲出的形象，故事是離人的心靈最近的一種物質，它是打開心靈最有效的工具，也是人類發展過程中的一個偉大傑作。

路易威登（Louis Vuitton, LV）講企業成長的故事，那是一個小皮具匠成為皇家專寵，進而為大眾所擁戴的故事，於是無數渴望尊貴的人們為此一擲千金。Levi's 在廣告中講故事，那是一個穿著 Levi's 牛仔褲的性感男人與美女的故事，於是時尚達人說：衣櫃裡沒有一條 Levi's，就別跟我們談時尚……

故事是人們精神訴求的外在表現，好的故事猶如一首好歌，人們在聽過之後，有繞梁三日的感覺。這種感覺是美好的，值得回味的。下面這個例子可以更清楚的讓我們感受文化的力量。

一九六一年，根據楚門・卡波特（Truman Garcia Capote）的小說改編，由好萊塢著名影星奧黛莉・赫本（Audrey Kathleen Hepburn-Ruston）主演的《第凡內早餐》（*Breakfast at Tiffany's*）風靡全球，成為美國電影中的經典之作，而 Tiffany（Tiffany & Co.）在片中的出現，令這家世界級珠寶名店的高貴氣派傳遍全球。很多人都對那個啃著麵包圈，癡癡地凝望著 Tiffany 玻璃櫥窗的奧黛麗・赫本記憶猶新和感動不已，那個從農村來的愛慕虛榮的女孩，夢想的就是擁有 Tiffany 的首飾，幻想著有一天自己能夠在高貴的珠寶店裡享受輕鬆的早餐。其實 Tiffany 吸引的不僅僅是那個一身黑衣裙的傾倒世界的赫本，全世界不知道有多少個女孩都被這魅力綻放的珠寶所吸引。對奧黛麗．赫本的癡迷者來說，走進 Tiffany 專賣店就是圓夢。不為別的，只是為了看看這位好萊塢時尚麗人曾經在螢幕上擁有的珠寶，眺望那四十五年前的純潔與美麗。直至半個世紀以後，《第凡內早餐》中奧黛麗永遠的微笑依然停留在世界各地的 Tiffany 專賣店中：她身著一襲纖瘦的黑衣，頸上戴著假珠寶項鍊，手裡捧著麵包圈，癡癡地凝望著玻璃窗裡的世界：那是一個擁有真珠寶項鍊和 Tiffany 早餐的世界，一個更幸福、更奢華、更絢麗的世界。雖然在珠寶店裡流連的女性早已由奧黛麗的同齡人轉為孫輩甚至重孫輩；雖然傾城美人和傾城珠寶都會漸漸遠去，影片漸漸黯淡，伊人西歸，但這份夢想，這份世界上最有魅力的早餐，還將一代一代地傳下去。

故事是夢想的延伸，故事已成為品牌的生產力，沒有故事的品牌無法得到真正的成長。「故事具有天生的吸引力」，它就像一幅美麗的風景，讓人們不由自主的被吸引，並最終為之折服。這是人們對美好事物的一種嚮往，有了這種嚮往，生活才會更加積極，有動力。

在購買某物品時，我們常會偏向於其他顧客的心得分享，從而來決定自己的購買行為。這種行為說明，我們在購物時，並不是完全自主的，容易受外界影響，在品牌的發展過程中，故事無疑是打開人們精神大門的鑰匙，有了它，品牌也就有了進入人們內心世界的通行證。

幼時對事物的認識多半來自於別人講的故事，經由灰姑娘我們知道了美好的愛情；賣火柴的小女孩讓我們有了同情憐憫之心；白雪公主的故事讓我們領略到了善有善報的真正含義。這些故事對我們的人生都產生了深遠的影響，故事影響著我們的生活，同時，我們的生活又為故事的創作提供了最佳的素材。

十八世紀的歐洲，在婚戒上刻字、刻姓名成為一時之風。有一位法國貴族勃郎寧，他愛上了一位貴族小姐，準備結婚的時候，為了表達自己的愛情和承諾，他決定在戒指上刻上與眾不同並代表自己的東西，他想到了自己的指紋。但因為技術的限制，很多宮廷首飾設計師都告訴他不能做。最後，他找到了一位首飾匠，首飾匠告訴他可以在銀戒指上嘗試一下。當首飾匠把燒得軟綿綿紅彤彤的戒指擺在面前，這位貴族用力的按了下去。雖然要忍受一時的痛楚，但勃郎寧表達了自己對於愛人永恆的愛。於是勃郎寧夫人成為了第一個戴指紋戒指的人。兩百多年後的幾天，Doido（愛度鑽石公司）人再次將這一經典重現，經過研發，將這一法國古老工藝帶入中國，正式推出 Doido 獨有的指紋婚戒。讓婚戒帶上愛人的氣息、痕跡和念力，不但獨一無二，而且銘刻承諾、一生守護！

Doido 沒有將指紋戒的情感意義直接赤裸裸地塞進讀者的眼簾，而是將指紋戒的角色直接在這位主人翁的愛情故事中展現，一旦唯美的愛情故事塑造成功，故事本身甚至無形中都成為指紋戒的活體廣告。Doido 要說的，不是一個純粹的愛情故事的展現，也不是一個簡單的指紋戒產品的選擇，而是經由故事的展現把指紋戒表達成愛的獨特與承諾的載體。但很多細心的人都發現這樣一個事實，那就是中國的故事似乎只存在於書本當中，無法將其變成生產力。

其實，中國文化悠遠流長，有許多傳了一代又一代的故事，但中國的企業卻沒有辦法從中發現商業價值，這不得不說是一種悲哀。現在很多品牌故事都源於國外，或「中西合璧」。中國文化沒能成為品牌精神支柱，卻被邊緣化，淪為品牌行銷附屬品，這讓我們在感歎的同時，更明白了中國故事理應有更廣泛的市場，只是還有待挖掘的事實。

品牌故事已成為品牌的代言，這就像我們的旅遊景點一樣，有故事才能吸引更多的人參觀，這是一種文化的無聲傳遞，不需要人們每天去講述，在消費者消費過程中自然就可以廣泛傳播。讓品牌擁有故事，是對品牌的完美詮釋。有些時候，故事比任何動聽的語言更加餘音繚繞，更易走進人們的內心世界。

第六節　故事體系有益於品牌發展

每個品牌都有故事，用故事來向消費者傳遞品牌文化，這種方式已成為現代品牌行銷的一個主要方向。故事體系的建立，對品牌的發展有輔助和促進的作用。將故事導入品牌理念，以故事啟發消費者的認知，建立自己的故事體系，用故事來促進品牌快速長久地在市場扎根，是一種流行趨勢，也是一種有效的促銷手段。

眾所周知，品牌建設是需要持之以恆的，而非一勞永逸的事情，而持之以恆的品牌建設也不是資金的堆砌，媚俗的誘惑，因此企業建立故事體系不如從「小」循序漸進，層層深入，一旦遇到成功的案例立即建立健全故事體系，這樣做，才能花小錢做成大品牌，這也是我們常說的，「花小錢，辦大事」的原則。

當然，這需要一個成熟的文化行銷團隊。中國知名行銷團隊發現，在品牌發展過程中，誕生了眾多擁有精彩故事的一、二線品牌，這些品牌的成長過程及所取得的成就代表了所在產業的發展特徵，如果把這些故事提煉、總結並且傳播出去，無論是對企業自身的品牌知名度打造、聲譽培育及市場口碑的形成，還是對整個產業的促進，都是非常有價值的。「看別人的故事，留自己的眼淚」，這是億萬網友的真切共鳴，也是故事行銷最主要的賣點所在。

其實，在人的諸多情緒中，感動是讓人記憶最長久的，一本書或是一部電視劇，其中的感人部分總是讓我們有一種回味無窮的感覺，這種感覺往往讓我們記憶深刻。故事的作用就在於此。

用故事講述行銷的道理，不僅因為故事通俗易懂，生動活潑，易於流傳，為人們喜聞樂見，更重要的是包含著深刻的寓意和智慧。故事提供了快速的聯想空間，比理性的敘述有效得多，它直通人的情感神經。暫且不論這些故事的真偽，單就這些故事的情節都可以成為一部吸引大眾眼光的傳奇劇，用這種故事化的傳播方式，品牌的知名度單靠人們的情感共鳴和口碑傳播也會不脛而走的，還愁產品賣不出去的話就是杞人憂天。以珠寶品牌為例，故事可以讓珠寶品牌由一個「名不見經傳的演員」變成「星光耀人的魅力明星」，這樣華麗的轉身，就在故事的講述中完成，這是在市場經濟條件下創造的另一奇蹟。

故事是無形的，是純語言組成的美麗畫面，品牌的知名度和聲譽、影響力等都會因故事而達到無法估量的程度，從而產生一種我們常說的「連鎖效應」，這種效應將對品牌的發展發揮重要的作用。

經常旅遊的人對這一點深有體會，有故事的景點才能更加吸引遊客駐足。還記得吳承恩《西遊記》裡的火焰山嗎？故事中是這樣介紹的，當年美猴王齊天大聖孫悟空大鬧天宮，倉促之間，一腳蹬倒了太上老君煉丹的八卦爐，有幾塊火炭，從天而降，恰好落在吐魯番，就形成了火焰山。山本來是烈火熊熊，孫悟空用芭蕉扇，三下扇滅了大火，冷卻後才成了今天這般模樣。

關於火焰山的傳說還有第二個版本，維吾爾族民間傳說天山深處有一隻惡龍，專吃童男童女。當地最高統治者沙托克布喀拉汗為除害安民，特派哈拉和卓去降伏惡龍。經過一番驚心動魄的激戰，惡龍在吐魯番東北的七角井被哈拉和卓所殺。惡龍帶傷西走，鮮血染紅了整座山。因此，維吾爾人把這座山叫做紅山，也就是我們現在所說的火焰山。

拴馬樁和踏腳石在吐魯番市勝金鄉西南十公里處，從三一二國道西北望去，峰峰的火焰山頂上，有一石柱，巍然矗立，形同木樁，人稱「拴馬樁」。據說當年唐僧西天取經，路過此處，曾把白龍馬拴在石柱上，拴馬樁由此而得名。在拴馬樁不遠處，有一巨石，相傳是唐僧上馬時用的踏腳石。拴馬樁維吾爾人稱之為「阿特巴格拉霍加木」。據說穆罕默德時代，有個聖人名叫艾力，來到火焰山，曾把馬拴在石柱上，以後人們就把這根石柱叫「阿特巴格拉霍加木」（意為拴馬樁）以示紀念。

汽車由木頭溝進入火焰山腹地西洲天聖園，就能看見唐僧師徒四人西天取經的群塑。只見孫悟空騰雲駕霧，肩扛芭蕉扇在前開路，唐僧氣宇軒昂帶著豬巴戒和沙和尚，牽著白龍馬，慢步徐行。群塑形態生動，表情生動逼真。

火焰山群塑是一九八九年修造的。來此賞遊照相的中外遊人接連不斷，是火焰山新闢的旅遊景點之一。看到這裡，很多人就會明白，為什麼一座平常的山會吸引那麼多人來參觀旅遊，那是因為，它有了故事這個吸引眼球的賣點。

無數的事實已證明，故事是一種有效的行銷手法，在當今世界，文化行銷被認為是最具競爭力的行銷方式，與文化牽手，才能引來更多關注和好奇的目光。一邊感受文化，一邊消費是深受現代人歡迎的消費方式。

總之，故事行銷不僅僅是一種行銷手段，而且也是品牌建設的核心和靈魂。故事行銷可以促成品牌的快速成長，讓品牌更具人性化，使人們瞭解故事的同時也跟品牌深入溝通；故事行銷又會促進產品的銷售，給產品附加了一道光環，產生了一定的附加價值，使人們更加感性地去消費，並培養了顧客的忠誠度。

第七節　民族精神是品牌的精髓

聯想（Lenovo Group Ltd.）這個品牌從無到有、由弱到強的全過程，最終發展成一個一流的筆記型電腦品牌。可見品牌的文化內涵必須以歷史和整個社會大環境為依託才能取得長遠的發展，而脫離了文化內涵的品牌即便其知名度曾經如日中天比如中國著名酒廠「秦池」、VCD 廠商「愛多」等等，最終仍不免是曇花一現。

正是因為品牌附著特定的文化內涵，才使得品牌獨一無二、特色各異。尼采說過：「當嬰兒第一次站起來的時候，你會發現使他站起來的不是他的肢體，而是他的頭腦」。對品牌而言，蘊涵在其中的文化正是讓品牌站立起來的「頭腦」。

一九九九年，北京市通過在公共場所禁菸條例。在廣東，中國菸草第一個「低害」捲菸品牌——「五葉神」誕生。隨後，「五葉神」與「低害」概念結合，在悄然興起的菸草「減害」技術革命浪潮中，把「低害」理念一步步推向主流。

業界普遍認為，「五葉神」品牌在系統地總結「低害」技術實踐經驗中，以自主研發的菸草「低害」技術，將「低害」理念推向市場，為整個菸草產業在打造核心競爭力上找到支點。

五葉神以中華文化為品牌核心價值，打造出獨特的民族文化品牌魅力。由此可見，打造品牌時，如果能將自身文化融入其中，除了將品牌文化提升到民族文化層面，也可以更加輕易獲得消費者的認可，這樣的品牌更具生命力和競爭力。

第八節　文化是品牌深入人心的推手

品牌打造的最終目的就是營利，利潤是商家存在的根本，這一點是毋庸置疑的。品牌的深入人心也是一種大勢所趨，隨著品牌競爭更加激烈，品牌文化間的角逐也更加白熱化，品牌文化已成為品牌競爭的前線戰場。

中國的酒在世界上享有盛譽，酒類的品牌更是多種多樣，從清醇到濃烈一應俱全。即便如此洋酒卻同樣能夠進入中國，搶下不少中國市場，且有跡象表明，越來越多的中國消費者開始接受洋酒，並把飲用洋酒當作是生活品味的提升，這一現象的出現，很令人費解，但從洋酒進入中國的手法來看，背後的文化是其最有力的推手。

消費習慣在於引導和培養，這並不是獨創的理論，而是經過實踐檢驗後的真理。洋酒之所以能在中國立足與這個習慣密不可分。例如，法國波爾多葡萄酒會以多種形式培養葡萄酒愛好者。這些做法潛移默化地影響著中國的消費者，並讓很多人成為其忠實的消費者。用文化的力量來撼動市場，這就是洋酒進入中國的根本所在。

其實，中國酒外銷遭遇的最大瓶頸，不是口感，也不是關稅，從本質上說，是國外消費者缺乏對中國酒的認知。與洋酒相比，中國酒是一種文化特色很鮮明的產品，並且打上了深刻的中國文化烙印。一種文化被另一種文化所接受是需要時間的，但它卻是推動白酒「走出去」的核心價值所在。

應該說，作為中華文化重要組成部分的酒文化，隨著生態、健康、快樂等時尚元素的注入，被賦予了新的內涵。只有將傳統文化和現代文化完美地融合，讓國外消費者瞭解中國酒文化，就可以為中國酒在海外找到新的生存和發展空間。文化是無國界的，品牌文化也應如此，中國酒只要用心開發品牌文化，就可以讓中國酒走出國門，讓更多的外國人愛上中國酒及酒背後的文化。

這種文化差異一旦讓目標消費者接受，對提高品牌力是十分有利的。因為消費者對文化上的認同是不會被輕易改變的。這個時候，品牌文化就成了對抗競爭品牌和阻止新品牌進入的重要手段。這種競爭壁壘，存在時間長，不易被突破。

以品牌文化來提升品牌力，不僅能更好地實現產品促銷的商業目的，還能有效承載企業的社會功能。塑造品牌文化是受商業動機支配的，以品牌文化來強化品牌力，從而謀求更多的商業利潤。之所以強調要塑造品牌文化，是因為消費者雖有個性差異，但由於同一經濟、文化背景的影響，其價值取向、生活方式等又有一致性。這種文化上的一致性為塑造品牌文化提供了客觀基礎。

品牌文化滿足了目標消費者物質之外的文化需求。社會心理學的代表人物梅奧（George Elton Mayo）和羅特利斯伯格（Fritz J.Roethlisberger）提出「社會人」的概念，認為人除了追求物質之外，還有社會心理方面的需求。品牌文化的建立，能讓消費者在享用商品所帶來的物質利益之外，還能有一種文化上的滿足。依此概念得知，有時市場細分的標準就是以文化為依據。

「在這個世界上，我找我自己的味道，口味很多，品味卻很少，我的摩卡咖啡。」這是一則摩卡咖啡的電臺廣告，它就有基於文化細分上的鮮明目標市場：不趕時尚、有自己品味的少部分人，同時暗示他們選擇摩卡咖啡就是堅持這種生活方式的體現。

品牌文化的塑造有助於培養品牌忠誠群，是重要的品牌壁壘。尤其在競爭激烈的今天，不同品牌的同類產品間的差異縮小，在眾多的品牌中要讓消費者在心理上能鮮明地識別一個品牌，有效的方法是讓品牌具有獨特的文化，可以將此稱為品牌的文化差異策略。班尼頓（Benetton Group S.r.l.）是世界著名的服裝品牌。為了讓班尼頓樹立自己的特色，經營者為班尼頓塑造了「愛自然、愛人、關懷社會」的品牌文化。班尼頓的廣告都以環境污染、種族歧視、戰爭災難等為題材，遠遠超越了一般的廣告觀念，進而成為時代特徵，具有強大的衝擊力，使班尼頓的品牌形象脫穎而出獨樹一幟。

品牌文化一旦形成，就會對品牌的經營管理產生巨大影響和能動作用（dynamicrole）。它有利於各種資源要素的組合，提高品牌的管理效能，增強品牌的競爭力，使品牌充滿生機與活力。具體地講，品牌文化有如下功能：

1. 導向功能

品牌文化的導向功能體現在兩個方面：一方面，在企業內部，品牌文化集中反映了員工的共同價值觀，規定著企業所追求的目標，因而具有強大的感召力，能夠引導員工始終不渝地為實現企業目標而努力奮鬥，使企業獲得健康發展；另一方面，在企業外部，品牌文化所宣導的價值觀、審美觀、消費觀，可以對消費者發揮引導作用，把消費者引導到和自己的主張相一致的軌道上來，從而提高消費者對品牌的追隨度。

2. 凝聚功能

品牌文化的凝聚功能體現在兩個方面：一方面，在企業內部，品牌文化像一種強力黏著劑，從各個方面、各個層次把全體員工緊密地聯繫在一起，使他們同心協力，為實現企業的目標和理想而奮力進取。這樣，品牌文化就成為團隊精神建設的凝聚力；另一方面，在企業外部，品牌所代表的功能屬性、利益認知、價值主張和審美特徵會對廣大消費者產生磁場作用，使品牌像磁鐵一樣吸引消費者，從而極大地提高消費者對品牌的忠誠度。同時，其他品牌的使用者也有可能被吸引過來，成為該品牌的追隨者。

3. 激勵功能

物質激勵到了一定程度，會出現邊際報酬遞減（diminishing marginal returns），而精神激勵的作用更強大，更持久。優秀的品牌文化一旦形成，在企業內部就會形成一個良好的工作氛圍，它可以激發員工的榮譽感、責任感、進取心，使員工與企業同呼吸、共命運，為企業的發展盡心盡力。對消費者而言，品牌的價值觀念、利益屬性、情感屬性等可以創造消費感知，豐富消費聯想，激發他們的消費欲望，使他們產生購買動機。因此，品牌文化可以將精神財富轉化為物質財富，為企業帶來高額利潤。

4. 約束功能

品牌文化的約束功能是透過規章制度和道德規範發生作用的。一方面，企業在生產經營過程中，必須經過嚴格的規章制度對所有員工進行規範，使之按照一定的程序和規則辦事，以實現企業目標。這種約束是硬性的，是外在約束。另一方面，企業文化的約束作用更多的是以道德規範、精神、理念和傳統等無形因素，對員工的言行進行約束，將個體行為從眾化。這種約束是軟性的，是內在約束，和規章制度相比，這種軟約束具有更持久的效果。

5. 輻射功能

品牌文化不能複製，可一旦形成，不僅會在企業內部發揮作用，還可以經由形象塑造、整合傳播、產品銷售等各種途徑影響消費群體和社會風尚。大體上說，品牌輻射主要有以下四種方式：①軟體輻射。即經由企業精神、價值觀、倫理道德、審美屬性等向社會擴散，為社會文明進步作出貢獻。②產品輻射。即經由產品這種物質載體向社會輻射。例如我們可以經由勞斯萊斯產品去感受一種卓越的汽車文化。因為勞斯萊斯的員工不是在製造冷冰冰的機器，而是以人類高尚的道德情操和藝術家的熱情去雕琢每一個零件，每一道工序製作出來的東西都是有血有肉的藝術極品。③人員輻射。即經由員工的言行舉止和精神風貌向社會傳播企業的價值觀念。例如，美國 IBM 有「藍色巨人」之稱，這個名字源於公司的管理者人人都穿藍色西服。公司高級職員在異國猶如貴賓，如果他們迷路或惹上麻煩，身上佩戴的職銜名牌比美國護照還管用。凡是有在 IBM 工作經歷的人，都是社會上爭先搶聘的對象。④宣傳輻射。即經由媒體等多種宣傳工具傳播品牌文化。

6. 推動功能

品牌文化可以推動品牌經營長期發展，使品牌在市場競爭中獲得持續的競爭力；也可以幫助品牌克服經營過程中的各種危機，使品牌經營健康發展。品牌文化對品牌經營活動的推動功能主要源於文化的能動作用，即它不僅能反映經濟，而且能反作用於經濟，在一定條件下可以促進經濟的發展。利用品牌文化提高品牌經營效果需要時間累積，不能期望它立竿見影。但只要持之以恆重視建設品牌文化，必然會收到良好的成效。其實，品牌文化的導向功能也算是另一種推動功能。因為品牌文化規定著品牌經營的目標和追求，可以引導企業和消費者去主動適應更有發展前途的社會需求，從而導向勝利。

7. 協調功能

品牌文化的形成使員工有了明確的價值觀念和理想追求，對很多問題的認識趨於一致。這樣可以增強他們之間的相互信任、交流和溝通，使企業內部的各項活動更加協調。同時，品牌文化還能夠協調企業與社會，特別是與消費者的關係，使社會和企業和諧一致。企業可以經由品牌文化建設，盡可能地調整自己的經營策略，以適應公眾的情緒，滿足消費者不斷變化的需求，跟上社會前進的步伐，保證企業和社會之間不會出現裂痕和脫節，即使出現了也會很快彌合。

一個優秀的品牌離開品牌文化就難以發展下去，若將品牌比做魚，那麼，品牌文化就是水，離開水，魚也就失去了生命力。品牌文化的打造需配合品牌的發展，要根據需要不斷進行調整，只有這樣，才能做到深入人心。

第二章　從細微處看品牌

在通常情況下，我們只看到了彩虹的絢麗，卻看不到風雨的洗禮。成功，自古以來都是一條充滿荊棘的路，跌跌撞撞後方能摸索出的路，在這個過程中，細節是必不可少的環節。

品牌的成長之路也是如此，忽略細微末節，就可能讓整個品牌的打造功虧一簣。「千里之堤，潰於蟻穴」，一點外在的瑕疵，都有可能讓消費者對品牌產生排斥，品牌大廈的傾倒，有可能就是由這一點點難以注意的細節開始。防微杜漸，才能讓品牌之路越走越寬。

第一節　商標是品牌的行動廣告

有句話叫「細節決定成敗」，品牌是無聲無息的，但它卻像入夜的細雨，能夠給人們帶來更多的享受。品牌的打造需要時間和耐心，細節的力量貫穿於整個品牌的發展歷程中。一個成功的品牌從設計到成品，細節是至關重要的。商標是品牌組成當中不可忽略的一部分，沒有它，人們對品牌的認知度就會降低，品牌就會失去一定的影響力，因此，從商標這個細節做起，才能打造出更好的品牌。

商標作為品牌的標誌，是品牌的行動廣告，看到它，人們自然會想起品牌，因此，商標的作用是不容忽視的。一個商標的發展史往往見證了一個品牌的成長歷程。海爾（Haier）商標的演變就是海爾從中國走向世界的見證。

海爾剛創業時，電冰箱生產技術從德國利勃海爾（Liebherr）公司引進。當時雙方簽訂的合約規定，海爾可在德國商標上加注廠址在青島，於是海爾使用「琴島——利勃海爾」作為公司的商標（琴島，青島的別稱）。隨著企業品牌聲譽的不斷提升，原商標中的地域性影響了品牌的進一步拓展，於是過渡成為「青島海爾」。

隨著企業進軍國際市場的步伐加快，一九九三年五月，中文「海爾」成為集團品牌與名稱，並設計了英文「Haier」作為標誌，新的標誌更易與國際接軌，設計上簡潔、穩重廣泛用於產品與企業形象宣傳中。

二〇〇四年十二月二十六日，海爾集團啟用新的海爾標誌，新的標誌由中文及中文拼音組成，與原標誌相比，新的標誌延續了海爾二十年發展形成的品牌文化；同時，新的設計更加強調了時代感。

中文拼音每筆的筆劃比以前更簡潔，共九劃。「a」減少了一個彎，表示海爾集團認准目標不回頭；「r」減少了一個分支，表示海爾集團向上、向前的決心不動搖；中文拼音的海爾新標誌的設計核心是速度。因為在資訊化時代，團隊的速度、個人的速度都要求更快。風格是：簡約、活力、向上。中文拼音新標誌整體結構簡約，顯示海爾團隊結構更加扁平化；每個人更加充滿活力，對全球市場有更快的反應速度。

漢字海爾的新標誌，是中國傳統的書法字體，它的設計核心是：動態與平衡，風格是：變中有穩。這兩個書法字體的海爾，每一筆，都蘊涵著勃勃生機，視覺上有強烈的飛翔動感。充滿了活力，寓意著海爾集團為了實現創世界名牌的目標，不拘一格，勇於創新。

孫子兵法上說：「能因敵變化而制勝者謂之神」，資訊時代全球市場變化非常快，誰能夠以變制變，先變一步，誰就能夠取勝。

海爾在不斷打破平衡的創新中，又要保持相對的穩定，所以，在「海爾」這兩個字中都有一筆在整個字體中發揮平衡作用，

「海」字中的一橫，「爾」字中的一豎，「橫平豎直」，使整個字體在動感中又有平衡，寓意變中有穩，企業無論如何變化都是為了穩步發展。

從「琴島 —— 利勃海爾」到「青島海爾」再到「海爾」，從商標的演變可以看出海爾塑造品牌形象、逐步走向國際化品牌的發展歷程。海爾，正在努力成為真正的國際化品牌。

一個小小的商標背後是一段不平凡的創業歷程，這些經歷讓商標變得更有內涵，更能清晰地表達品牌的意義。因此，注重商標的設計細節，同樣可以為品牌加分。

蘋果的第一個標誌非常複雜，它是牛頓坐在蘋果樹下讀書的一個圖案，上下有飄帶纏繞，寫著「Apple Computer Co.」字樣，外框上則引用了英國詩人威廉·華茲渥斯（William Wordsworth）的短詩，「牛頓，一個永遠孤獨地航行在陌生思想海洋中的靈魂。」這一標誌的設計者是隆納·韋恩（Ronald Gerald Wayne），他實際上也可以算是蘋果的聯合創始人，但僅僅為蘋果工作兩周之後，他就以八百美元出售了自己持有的百分之十股份。如果他持有到現在，這些股份的價值將達到數十億美元。

賈伯斯（Steve Jobs）後來認為這一標誌過於複雜，影響了產品銷售，因此聘請 Regis McKenna 顧問公司的羅勃·簡諾夫（Rob Janoff）為蘋果設計一個新標誌。這就是蘋果的第二個標誌

——一個環繞彩虹的蘋果圖案。一九七六年到一九九九年期間，蘋果一直使用這一標誌。那麼，為何這一蘋果被咬掉一口呢？這或許恰恰是設計者所希望達到的效果。在英語中，「咬」（bite）與電腦的基本運算單位「位元組」（Byte）同音。

一九九八年，蘋果又更換了標誌，將原有的彩色蘋果換成了一個半透明的、泛著金屬光澤的銀灰色標誌。

品牌的商標對品牌的發展起著重要的影響。世界上每一個頂級品牌都不會忘記商標這個細節，它們明白商標的意義並非可有可無，將商標作為品牌的一部分。有的品牌的商標甚至就是創始人名字的縮寫，香奈兒（Chanel）就是這樣一個品牌。

香奈兒是一個有八十多年經營史的著名品牌。香奈兒時裝永遠有著高雅、簡潔、精美的風格，她善於突破傳統，早在一九四〇年代它就將「五花大綁」的女裝推向簡單、舒適，這也是最早的現代休閒服。香奈兒最瞭解女人，香奈兒的產品種類繁多，每個女人在香奈兒的世界裡總能找到適合自己的東西，在歐美上流女性社會中甚至流傳著一句話「當你找不到合適的服裝時，就穿香奈兒套裝。」創始人是 Gabrielle Chanal。香奈兒於一九一三年在法國巴黎創立，香奈兒的產品種類繁多，有服裝、珠寶飾品、配件、化妝品、香水，每一種產品都聞名遐邇，特別是她的香水與時裝。標誌就是她的姓名縮寫。

每個品牌的商標都是品牌的象徵，商標雖然只是品牌當中的一個細節，但這個細節不到位，就可能導致品牌的失敗。因此，從品牌本身入手，不放過任何細節，讓品牌在成長過程中變得更加完善，這樣的品牌才能在大浪淘沙中笑到最後。

第二節　名字是永久的代言人

在佛家看來，人生的一切都是空的，名字當然也不例外，但這種處世的心態畢竟不是每個人都能具備的，活在現實中的我們很清楚，名字的意義並不是那麼簡單的。比如，有的人，他的名字是一種象徵，甚至是一種精神的象徵，從他的身上，我們看到更多人性光彩照人的一面。這時的名字跳脫了代號的框架。

品牌的名字也是如此，當品牌發展到一定高度的時候，品牌的名字對消費者而言意味著毫無條件的信任。它成為一種品牌的標誌，人們看到它，就會與品牌聯繫起來，正因為如此，名字對品牌的重要性不言而喻。

還記得那句「人類失去聯想，世界將會怎樣」這句經典的廣告詞嗎？聯想一詞，一語雙關，既指明了電腦的名字，又指出了聯想對人類的作用。可以看出，企業對品牌名字的重視。通常來說，商業品牌視覺感知固然極為重要，但品牌命名卻是創立品牌的第一步。

說到命名，不由得想起孔子的那句：「名不正，則言不順；言不順，則事不成。」並且根據這句經典延伸出的一個成語：名正言順。一個優秀的品牌更需要一個好的名字相配。

好名字是品牌擁有的一筆永久性精神財富，它能喚起人們美好的聯想，使其擁有者得到鞭策和鼓勵。任何一個好的名字都將成為企業發展中的一個品牌，這個品牌將會讓企業獲得信任，從而得到快速發展的機會。

幾乎每一個跨國公司都有一個響亮的名字，可以說一個企業形象能否深入人心，與它的名字關係很大，其關鍵在於其名字能否獲得民眾的認同。這就好比《孫子兵法》中所說：「道者，令民與上同意也，可與之死，可與之生，而不畏危。」名字對品牌的意義也在於此。

CI 作為公司包裝的形式如今已被人們廣為熟悉，而世界上最早推行 CI 的是美國 IBM 公司。它在總結公司歷史的基礎上推出一整套既適合公司實際，又符合時代發展的全新的經營管理哲學，規範企業的行為，塑造企業的形象，並且為此設計了視覺標誌，這就是現在通行於世界的代表該公司名稱的英文縮寫：三個藍色 IBM，將公司的發展推向了一個新的發展階段。

CI 主要由三個部分組成，一是思想識別，又叫理念識別，即是企業經營管理的價值取向、整體精神、企業文化本質特徵的反映，也是企業經營的指導思想、宗旨、目的，它是企業識別的心臟。二是行為識別，即是在思想識別的指導下企業具體的經營管理過程、表現形式。它包括內外兩部分，外部行為主要是經由向社會公眾提供產品與服務的過程以及公司的廣告，內部行為主要是員工的行為規範、職業道德、教育和企業文化等。行為識別是CI 實現的手段。三是視覺識別，即 CI 的外在的表現形式。同產品的品牌與商標一樣，它通常是由其文字、圖案、顏色等因素組成。可將它們三者的關係比做一棵樹，思想識別是 CI 的樹根，行為識別是 CI 的樹枝，視覺識別是 CI 的樹葉。運用 CI 對企業進行全方位的規劃與管理在許多國家司空見慣，中國目前有不少企業也在運用 CI，這不僅可以協調企業內外關係，提高管理與經營水準，而且對促進企業的長期發展都是十分有利的。

一個好的品牌名字是需要反覆斟酌和推敲的，品牌的名字就像一首詩，一個字用不好，就會影響整體的意境。

在菲利浦公司進入中國大陸時，有關他商標名稱的譯名曾經產生過爭議，那就是「菲利浦」與「飛利浦」哪個更好，現在看來，菲利浦在大陸已使用過幾十年，而看看與「Philips」相應的中文商標。這個商標由三個漢字組成，其含義分別是：菲：①微薄，常用作謙辭；②花草茂盛，如「芳菲」。利：利潤，利益。浦：常作地名，指水邊或河流入海的地方。「飛利浦」是在香港等地使用「Philips」的相對應中文商標，其中第二、三個漢字與大陸的譯文相同。第一個漢字的含義是飛：①飛翔；②快速，如「飛奔」。

十年前，PHILIPS 公司的一位先生說，有人認為在中國大陸使用的「菲利浦」商標含義不太好，因為「菲」有「微薄」之意。

如果從統一中文商標，減少混淆的角度考慮，用「飛利浦」代替「菲利浦」未嘗不可。

看一個商標設計的好壞應從整體上去考慮，並以一般消費者對商標的感覺和反應作為分析基礎。「菲利浦」商標在中國大陸使用幾十年，在人們的印象中這是一個歷史悠久的名牌，帶有該牌子的產品在技術上先進，品質上可靠，似乎沒有人會想到有「利潤菲薄」之意。即使有人想到這種意思，在保護消費者運動迅速發展的今天，似乎也沒有什麼不好。

實際上那種以製造商、銷售商的自我利益為中心而設計的帶有大吉大利色彩的商標，近幾十年來儘管在香港餘風猶盛，但在世界上許多地方已被紛紛拋棄。

其次，「菲」這個漢字，在外國人名和地名的譯文中經常使用，「Philips」作為姓名在中國大陸的通常譯文也是「菲力浦斯」或「菲力普斯」。

因此，人們一看到「菲利浦」商標，首先想到的便是這是一個西方商標，目前中國的家用電器在技術水準上與西方工業國家還有一段距離，西方名字對於爭取消費者選購商品會起一定作用。考量到中國日本關係不佳，日本某些工業品的商標如「Canon」等，不帶日本形像，也是出於類似考慮。

另外，「菲利浦」商標在中國大陸使用了幾十年，幾乎家喻戶曉，如果不是萬不得已，更改名稱實屬可惜。

再從「飛利浦」商標來講，它比「菲利浦」商標的高明之處，實在很不明顯。「飛速成長的利潤」，這對 PHILIPS 公司來講當然是好事，但許多公司包括 PHILIPS 公司都是宣傳「消費者第一」、「技術第一」、「品質第一」，帶有商人自我利益含義的商標已經不合潮流。而且，如果要咬文嚼字的話，「飛」在漢語中還有「意外」含義，這樣，「飛利」便有「意外的利潤」或「飛來之財」的意思。因此，菲利浦公司在反覆比較以上兩種譯文之後，還是延續採用了「菲利浦」這一名稱。

由此可見，品牌命名並不是隨心所欲的，它要遵循以下幾個要點：

1. 品牌的傳播力要強

在品牌的經營上，一個成功的品牌之所以區別於普通的品牌，其中一個很重要的原因就是：成功的品牌擁有家喻戶曉、婦孺皆知的知名度，消費者在消費時能夠第一時間回憶起品牌的名稱。因此，對於品牌的命名來說，首要的是解決一個品牌名的傳播力問題。也就是說，不管你給產品取什麼樣的名字，最重要的是要能最大限度的讓品牌傳播出去。要能夠使消費者，尤其是目標消費者記得住、想得起來是什麼品牌。只有這樣，品牌的命名才算得上是成功。否則，就算你給產品取再好聽的名字，傳播力不強、不能在目標消費者的頭腦中占據一席之地，消費者記不住、想不起來，這也只能算是白費心機。

品牌的傳播力強不強，取決於品牌名的詞語組成和含義兩個因素，兩者相輔相成、缺一不可。在保健品裡面，腦白金（大陸保健食品品牌）就是一個傳播力非常強的品牌名。腦白金這三個字朗朗上口、通俗易記，而且這三個字在傳播的同時將產品的資訊傳遞給了消費者，使人們在聽到或者看到腦白金這個品牌名時，就自然而然地聯想到品牌的兩個屬性：一個是產品作用的部位，一個是產品的價值。正因為如此，有了這個傳播力極強的品牌名的廣泛傳播，腦白金能在一個月內有兩億的銷量也就不足為奇了。當然，腦白金的成功還有很多因素，但假如把腦白金命名為：「×× 牌複方褪黑素」、又或者叫「腦 × 健」，「××× 青春口服液」諸如此類的名字，那情況又會怎樣，結果當然是不言而喻了。故給品牌命名，傳播力是一個核心要素，只有傳播力強的品牌名才能為品牌的成功奠定堅實的基礎。

2. 品牌名的親和力要濃

除了品牌名的傳播力之外，還有品牌名親和力的問題。品牌名的親和力取決於品牌名稱用詞的風格、特徵、傾向等等。比如舒膚佳（safeguard），這一名詞首先給人的感覺是傾向於中性化的用語，它不但更廣泛的貼合了目標消費者的偏好，而且經由強調「舒」和「佳」兩大焦點，給人以使用後會全身舒爽的聯想，因此其親和力更強。所以，在給品牌命名時，不但要注意品牌名的傳播力因素，同時也要注意把握品牌名的親和力因素，只有這樣才能使品牌的傳播達到最佳效果。

3. 品牌名的保護性要好

企業在為產品命名時要對品牌名有良好的保護意識，否則將會產生嚴重的後果。一直以來，市場中都不乏處心積慮的市場追隨者，「螳螂捕蟬，黃雀在後」就是所謂追隨者的競爭策略。他們有著敏銳的商業嗅覺，時時都在打探著鑽空的機會，而企業不注意保護自己的品牌名恰恰就給他們提供了這樣的機會。因此，在給品牌命名時，企業有必要考慮品牌名的保護性，最好採用註冊商品名來給產品命名。如腦白金、泰諾、曲美這些成功的品牌都是以註冊商品名來給產品命名的，而消炎藥「利君沙」不但用註冊商品名給產品命名，而且為了防止相似品牌的出現，還進行了與註冊商品名的近似註冊，以全面保護品牌不受侵犯。所以，給品牌命名不能只講傳播力、親和力，不被仿效、侵犯也是品牌命名重中之重的問題。

品牌的名字代表的是品牌的內涵，因此，在命名時，不能過於隨意，信手拈來，要進行綜合考慮，只有這樣，品牌的名字才能發揮為品牌臉上貼金的作用。

品牌的命名有以下幾個原則，依據這幾個原則，品牌的名字自然呼之欲出。

1. 合法

合法是指能夠在法律上得到保護，這是品牌命名的首要前提，再好的名字，如果不能註冊，得不到法律保護，就不是真正屬於自己的品牌。在二〇〇〇年，「南極人」品牌就是由於缺乏保護，而被數十個廠商共用，一個廠商所投放的廣告卻被大家共用，非常可惜。大量廠商對同一個品牌開始了掠奪性的開發使用，使得消費者不明就裡、難分彼此，面對同一個品牌，卻是完全不同的價格、完全不同的品質，最後消費者把帳都算到了「南極人」這個品牌上，逐漸對其失去了信任。

米勒公司（Miller）推出一種淡啤酒，取名為 Lite，即「淡」的英文 light 的變異，生意興旺，其他啤酒廠紛紛仿效，也推出以 Lite 命名的淡啤酒，由於 Lite 是直接描繪某類特定產品的普通詞彙，法院判決不予保護，因此，米勒公司失去了對 Lite 的商標專用權。由此可見，一個品牌是否合法即能否受到保護是多麼重要。

2. 尊重文化與跨越地理限制

由於世界各國、各地區消費者，其歷史文化、風俗習慣、價值觀念等存在一定差異，使得他們對同一品牌的看法也會有所不同。在這一個國家是非常美好的意思，可是到了另一個國家其含義可能會完全相反。比如蝙蝠在中國，因蝠與福同音，被認為有美好的象徵，因此在中國有「蝙蝠」電扇，而在英語裡，蝙蝠翻譯成的英語 Bat 卻是吸血鬼的意思。

中國的絕大多數品牌，由於只以漢字命名，在走出國門時，便讓當地人莫名其妙。有一些品牌採用中文拼音作為變通措施，被證明也是行不通的，因為外國人並不懂拼音所代表的含義。例如長虹，以其中文拼音 CHANGHONG 作為附注商標，但「CHANGHONG」在外國人眼裡卻沒有任何含義。而海信，則具備了全球策略眼光，註冊了「HiSense」的英文商標，它來自 high sense，是「高靈敏、高清晰」的意思，這非常符合其產品特性。同時，high sense 又可譯為「高遠的見識」，體現了品牌的遠大理想。

可以說，品牌名已成為中國品牌全球化的一道門檻，在中國品牌的國際化命名中，由於對國外文化的不瞭解，使得一些品牌出了洋相。「芳芳」牌化妝品在國外的商標被翻譯為「Fang Fang」，而 fang 在英文中是指「有毒的蛇牙」，如此一來，還有誰敢把有毒的東西往身上摸，芳芳化妝品的受挫也就是情理之中的事情了。當然，除了中國品牌，國際品牌在進入不同的國家和地區時，也有犯錯的時候。Whisky 是世界知名的酒類品牌，進入香港和內地，被譯成「威士卡」，被認為「威嚴的紳士忌諱喝它」，所以紳士們自然對它有所顧忌。而 Brandy 譯成「白蘭地」，被認為是「潔白如雪的蘭花盛開在大地上」，意境優美之極，自然紳士們更願意喝它。

3. 簡單易記憶

為品牌取名，也要遵循簡潔的原則。今天，我們所知的一些中國品牌，莫不如此，青島、999、燕京、白沙、小天鵝、方太、聖象等等，都非常簡單好記。IBM 是全球十大品牌之一，身為世界上最大的電腦製造商，它被譽為「藍色巨人」。它的全稱是「國際商用機器公司」（International Business Machines），這樣的名稱不但難記憶，而且不易讀寫，在傳播上首先就給自己製造了障礙。於是，國際商用機器公司設計出了簡單的 IBM 的字體造型，對外傳播，終於造就了其高科技領域的領導者形象。

4. 上口易傳播

吉普（Jeep）汽車的車身都帶有 GP 標誌，並標明是通用型越野車，Jeep 即是通用型的英文 general purpose 首字縮寫 GP 的發音。但有另一種來源說法，稱其來源於一部連環畫中的一個怪物，這個怪物總是發出「吉——普，吉——普」的聲音。非常容易發音和易於傳播。

5. 正面聯想

金字招牌「金利來」，原來取名「金獅」，對香港人說來，便是「盡輸」，香港人非常講究吉利，面對如此忌諱的名字自然無人光顧。後來，曾憲梓先生將 Goldlion 分成兩部分，前部分 Gold 譯為金，後部分 lion 音譯為利來，取名「金利來」之後，情形大為改觀，吉祥如意的名字立即為金利來帶來了好運，可以說，「金利來」能夠取得今天的成就，其美好的名稱功不可沒。

6. 暗示產品屬性

有一些品牌，人們可以從它的名字一眼就看出它是什麼類型的產品，例如腦白金、五糧液、雪碧、高露潔等，勁量用於電池，恰當地表達了產品電力持久強勁的特點；固特異（The Goodyear Tire & Rubber Company）用於輪胎，準確地展現了產品堅固耐用的屬性。它們中的一些品牌，甚至已經成為同類產品的代名詞，讓後來者難以下手。中國 PDA 廠商「商務通」的命名，使得它幾乎成為中國掌上型電腦的代名詞，中國消費者去購買掌上型電腦時，大多數人會直接指名購買商務通，甚至以為商務通即掌上型電腦，掌上型電腦即商務通。需要指出的是，與產品屬性聯繫比較緊密的這類品牌名，大多實施專業化策略。如果一個品牌需要實施多元化策略，其品牌名與產品屬性聯繫越緊，對其今後的發展越不利。

7. 預埋發展管線

品牌在命名時就要考慮到，即使品牌發展到一定階段時也要能夠適應。對於一個多元化的品牌，如果品牌名稱和某類產品聯繫太緊，就不利於品牌今後擴展到其他產品類型。通常，一個無具體意義而又不帶任何負面效應的品牌名，比較適合於今後的品牌延伸。

例如 SONY，不論是中文名還是英文名，都沒有具體的內涵，僅從名稱上，不會聯想到任何類型的產品，這樣，品牌可以擴展到任何產品領域而不至作繭自縛。

名稱是一種符號，它可以反映取名者的道德修養、文化水準和對品牌寄託的希望，是一筆寶貴的文化財富。同時，它也反映了品牌的文化品味。隨著品牌的建立和品牌形象的樹立，作為品牌有機組成部分的名稱也是重要的無形資產。好的名稱充滿生機、活力與誘惑力，它能深深根植在消費者心中，以至於消費者有相關需求時會直奔名稱而去，事情簡單得就像我們感到口渴時直接去喝水一樣。

品牌名稱是品牌文化的最直接體現，是品牌之魂。任何品牌都有一個名稱，而且這個名稱和它所代表的品牌有內在的聯想和聯繫。品牌名稱作為品牌之魂，體現了品牌的個性、特性和特色。不同企業所生產的同一種類型的產品，人們很難一下子把它們區分開來，而品牌名稱卻很容易地將它們加以區分。品牌名稱使消費者有一種很具體、很獨特的聯想。一提到「波音」，人們就會在腦海中浮現出美國飛機的身影；一提到「微軟」，人們就會聯想到電腦軟體；一提到「雀巢」，也會使人聯想到瑞士產的即溶咖啡。

業界有人對品牌名稱有一個恰當的比喻：「一個好的產品是一條龍，而為它取一個好的品牌名字，就猶如畫龍點睛，成為神來之筆，為產品品牌增添光彩，對提高產品品牌的知名度，擴大產品品牌的市場，產生很重要的作用。」

品牌的名字就是品牌的代言，看到它，人們會自然而然地產生聯想，因此，做好品牌，就不能忽視品牌名稱的重要性，只有將品牌名字起好，品牌才能真正走入尋常百姓家，在市場競爭中占據一席之地。

第三節　準確定位是成功的基礎

品牌的定位是在品牌發展的過程中所有應注意的細節裡面最難把握的，準確的定位能幫助品牌精準找到受眾，在短時間內建立起屬於自己的客戶群。在中國眾多品牌中，有很多因定位不精確，而影響品牌生存和發展的案例。比如，著名的品牌王老吉就曾因定位不准而影響品牌的影響力。經過重新定位後的王老吉，在中國刮起了一場「怕上火，喝王老吉」的風暴。定位成為品牌發展的一隻猛虎，運用得當是助力，運用不當是阻力。

涼茶是中國廣東、廣西地區的一種由中草藥熬製、具有清熱去濕等功效的「藥茶」。在中國眾多市售涼茶中，又以王老吉最為著名。王老吉涼茶發明於清道光年間，至今已有一百七十五年歷史，被公認為涼茶始祖，有「藥茶王」之稱。到了近代，王老吉涼茶跟隨著華人的足跡遍及世界各地。

一九五〇年代初，王老吉藥號分成兩支：一支歸入中國國有企業，發展為今天的王老吉藥業股份有限公司（原羊城藥業），主要生產王老吉牌沖劑產品；另一支由王氏家族的後人帶到香港。在中國大陸，王老吉的品牌歸王老吉藥業股份有限公司所有；在中國大陸以外有涼茶市場的國家和地區，王老吉的品牌基本上為王氏後人所註冊。加多寶是位於中國東莞的一家港資公司，由香港王氏後人提供配方，經王老吉藥業特許在大陸獨家生產、經營紅色罐裝王老吉。

二〇〇三年，來自廣東的紅色罐裝王老吉（以下簡稱紅色王老吉），突然成為中國央視廣告的座上常客，銷售一片紅火。但實際上，廣東加多寶飲料有限公司在取得「王老吉」的品牌經營權之後，其紅色王老吉飲料的銷售業績連續六七年都處於不溫不火的狀態當中。直到二〇〇三年，紅色王老吉的銷量才突然激增，年銷售額成長近四倍，從一億多元人民幣增至六億元人民幣，二〇〇四年則一舉突破十億元！

王老吉之所以在銷售方面做出這樣的突破，與二〇〇二年的重新定位密不可分。在二〇〇二年以前，從表面看，紅色王老吉是一個很不錯的品牌，銷量穩定，盈利狀況良好，有比較固定的消費群。但當企業發展到一定規模以後，要擴展企業規模，要走向全中國大陸，就必須克服一連串的問題，甚至連原本的優勢，也成為困擾企業繼續成長的原因。

紅色王老吉擁有涼茶始祖王老吉的品牌，卻長著一副飲料化的面孔，讓消費者覺得「它好像是涼茶，又好像是飲料」——這種認知混亂，是阻礙消費者進一步接受的心理障礙。而解決方案是，明確告知它的定義、功能和價值。準確定位，才能讓消費者清楚王老吉的作用及功能，有了認識，才有進一步購買的欲望。

二〇〇二年前的王老吉在定位上很模糊，無法給消費者信心。作為飲品，安全是放在首位的，但當時的王老吉很明顯因定位問題，無法去除消費者心中的疑慮。

在廣東、廣西地區以外，人們並沒有涼茶的概念，甚至調查中消費者說「涼茶就是涼白開水吧？」「我們不喝涼的茶水，泡熱茶」。涼茶這個概念並沒有達到深入人心的程度，甚至有些地方對這一概念存在著理解上的誤解。而且，內地的消費者「降火」的需求已經被填補，大多是吃牛黃解毒片之類的藥物。

作為涼茶困難重重，作為飲料同樣危機四伏。如果放眼到整個飲料產業，以可口可樂、百事可樂為代表的碳酸飲料，以康師傅、統一為代表的茶飲料、果汁飲料更是處在難以撼動的市場領先地位。而且紅色王老吉以「金銀花、甘草、菊花等」草本植物熬製，有淡淡中藥味，對口味至上的飲料而言，的確存在不小的障礙，加之人民幣三十五元一罐，約莫臺幣一百五十元的零售價，如果加多寶不能使紅色王老吉和競爭對手區分開來，它就永遠走不出飲料產業列強的陰影。這就使紅色王老吉面臨一個極為尷尬的境地：既不能固守兩地，也無法在全中國推廣。

二〇〇二年年底，經過多次研究，王老吉的核心問題不是用簡單地拍廣告可以解決的 —— 許多中國企業都有這種短視的做法 —— 關鍵是沒有品牌定位。紅色王老吉雖然銷售了七年，其品牌卻從未經過系統定位，連企業也無法回答紅色王老吉究竟是什麼，消費者更不用說，完全不清楚為什麼要買它——這是紅色王老吉的品牌定位問題。這個問題不解決，拍什麼樣的廣告都無濟於事。正如大衛．奧格威（David MacKenzie Ogilvy）所說：「一個廣告運用的效果更多的是取決於你產品的定位，而不是你怎樣寫廣告（創意）。」因此，王老吉的重新定位就成了首先需要解決的問題。

品牌定位，主要是以瞭解消費者的認知（而非需求），提出與競爭者不同的主張。具體而言，品牌定位是將消費者的心智進行全面研究——研究消費者對產品、紅色王老吉、競爭對手的認知、優劣勢等等。又因為消費者的認知幾乎不可改變，所以品牌定位只能順應消費者的認知而不能與之衝突。如果人們心目中對紅色王老吉有了明確的看法，最好不要去嘗試冒犯或挑戰，就像消費者認為茅臺酒不可能是好的「威士卡」。所以，紅色王老吉的品牌定位不能與廣東、浙南消費者的現有認知發生衝突，才可能穩定現有銷量，為企業創造生存以及擴張的機會。

研究中發現，廣東的消費者飲用紅色王老吉的場合為燒烤、登山等活動，原因不外乎「吃燒烤時喝一罐，心理安慰」、「上火不是太嚴重，沒有必要喝黃振龍」（黃振龍是涼茶鋪的代表，其代表產品功效強勁，有去濕降火之效）。而在浙南，飲用場合主要集中在「外出就餐、聚會、家庭聚餐」，在對於當地飲食文化的瞭解過程中，研究人員發現該地的消費者對於「上火」的擔憂比廣東有過之而無不及，座談會桌上的話梅蜜餞、可口可樂等無人問津，被說成了「會上火」的危險品。（後面的跟進研究也證實了這一點，發現可樂在溫州等地銷售始終低落，最後可樂幾乎放棄了該市場，一般都不進行廣告投放。）而他們評價紅色王老吉時經常談到「不會上火」，「健康，小孩老人都能喝，不會引起上火」。可能這些觀念並沒有科學依據，但這就是浙南消費者頭腦中的觀念，這也是研究需要關注的「唯一的事實」。

這些消費者的認知和購買消費行為均表明，消費者對紅色王老吉並無「治療」要求，而是作為一個功能飲料購買，購買紅色王老吉真實動機是用於「預防上火」，如希望在品嘗燒烤時減少上火情況的發生等，真正上火以後可能會採用藥物，如牛黃解毒片、傳統涼茶類治療。

再進一步研究消費者對競爭對手的看法，則發現紅色王老吉的直接競爭對手，如菊花茶、清涼茶等由於缺乏品牌推廣，僅僅是低價滲透市場，並未占據「預防上火」的飲料的定位。而可樂、茶飲料、果汁飲料、水等明顯不具備「預防上火」的功能，僅僅是間接的競爭者。同時，任何一個品牌定位的成立，都必須是該品牌最有能力占據的，即有據可依，如可口可樂說它是「正宗的可樂」，是因為它就是可樂的發明者。研究人員對於企業、產品自身在消費者心智中的認知進行了研究。結果表明，紅色王老吉的「涼茶始祖」身分，神祕中草藥配方，一百七十五年的歷史等，顯然是有能力占據「預防上火的飲料」的。

由於「預防上火」是消費者購買紅色王老吉的真實動機，顯然有利於鞏固加強原有市場。是否能滿足企業對於新定位的期望——「進軍全國市場」，成為研究的下一步工作。以二手資料、專家訪談等研究一致顯示，中國幾千年的中藥概念「清熱解毒」在全國廣為普及，「上火」、「去火」的概念也在各地深入人心，這就使得紅色王老吉突破了地域品牌的局限。

至此，塵埃落定。首先明確紅色王老吉是在「飲料」產業中競爭，其競爭對手應是其他飲料；品牌定位——「預防上火的飲料」，其獨特的價值在於——喝紅色王老吉能預防上火，讓消費者無憂地盡情享受生活。

明確了品牌要在消費者心目中占據什麼地位，接下來的重要工作就是要推廣品牌，讓它真正地深入人心，讓大家都知道品牌的定位，從而持久、有力地影響消費者的購買決策。

王老吉制定了推廣主題「怕上火，喝王老吉」，在傳播上儘量凸現紅色王老吉作為飲料的性質。在第一階段的廣告宣傳中，紅色王老吉都以輕鬆、歡快、健康的形象出現，強調正面宣傳，避免出現對症下藥式的負面訴求，從而把紅色王老吉和「傳統涼茶」區分開來。

這種大張旗鼓，訴求直觀明確的廣告運動，直擊消費者需求，及時迅速地拉動了銷售。同時，隨著品牌推廣進行下去，一步步加強消費者的認知，逐漸為品牌建立起獨特而長期的定位——真正建立起品牌。

紅色王老吉的巨大成功，根本原因在於發現紅色王老吉自身產品的特性，尋找到了一個有價值的特性階梯，從而成功地完成了王老吉的品牌定位。對中國企業而言，沒有什麼比建立品牌更重要的了。而要建立一個品牌，首要任務就是品牌的定位，它是一個品牌能否長久生存和騰飛的基石。

定位對每一個品牌都是至關重要的，把握住方向才能讓船走得更遠。一個優秀的品牌絕不是在糊裡糊塗地混日子，它對自己品牌的潛在市場有充分的調查研究和挖掘。準確的品牌定位可以讓品牌在發展過程中始終航行在航道上，不會因定位問題而影響品牌的發展。

第四節　細節打造品牌競爭力

一個品牌是否有競爭力，不僅要關注產品本身，更要從細節入手，來為品牌爭取加分機會，一個不注意細節的品牌是無法長久的走下去的。細節有助於加強品牌的市場競爭力。可以說細節決定品牌的市場，有市場，品牌才能更好的生存和發展。

十八年蟬聯中國冰箱市場第一名，海爾冰箱受到了空前關注。日本電波新聞指出「把目標指向全球冰箱市場第一位的海爾，接下來會拿出什麼樣的策略正受到關注」。

而這些來自企業層面、產業層面的大詞彙並不是個體的消費者所能產生興趣的。

日前，擁有中國冰箱第一競爭力的海爾冰箱向消費者展現的並不是它作為世界品牌高高在上的宏偉策略與高深策略，而是冰箱產品生產環節中的每一個細節。這正是消費者所唯一關心的產品的誕生過程。

穿上雪白的襪子在自己家裡走上幾個來回之後，仍能確保襪子雪白的顏色，對於絕大多數冰箱消費者而言，難以長期做到。但是，每一臺海爾冰箱卻在這樣的環境中誕生。從海爾對環境的要求，我們就可以看到細節在這個企業當中的地位。

到海爾冰箱生產工廠參觀的人可能會遭遇這樣一幕奇怪場景：一群身著整齊工裝，但卻不穿鞋只穿著白襪子的人走來走去，還不時到產品生產線踩踏一番。在忙碌的生產線上，這些人裝束和行為的確讓人有點不可思議。但這一幕在海爾冰箱生產線的員工眼中，卻是司空見慣了的事情，因為同樣的一幕每週都會上演一次。

「穿白襪子進入生產間主要是檢測現場『6S』管理是否符合新標準。」海爾冰箱事業部李偉傑部長一語道出了外人眼中的「怪現象」。穿白襪子的人是海爾冰箱的品質管制人員，走一圈之後如果白襪子不變色，說明生產現場整潔達標，否則為不合格。這種在家裡都可能做不到的事情，卻在海爾冰箱的廠房裡成為常態。

一個品牌的成長並不是我們表面上看到的那樣輕鬆，對於成功，人們常用「臺上一分鐘，臺下十年功」來形容，品牌的成長也同樣如此，它的背後也有著許多不為人知的細節。

6S方法是海爾在加強生產現場管理方面獨創的一種方法。「穿白襪子走現場」能督促生產管理，使得地面乾淨，這樣既能保證產品品質，也能給員工一個好心情，但這需要所有員工共同努力。這種努力需要員工新的思維模式，這當然來自觀念上的轉變。「穿白襪子走現場」的目的就是樹立員工精細化的觀念，並每週一次將此平臺固化下來。檢驗現場後的襪子會懸掛到現場，現場的改善結果員工自己就能看見，這些感官刺激將加深員工認識與目標的差距，並改善自己的行動，為消費者提供精細化產品。

小中見大。「一雙白襪子」折射出海爾冰箱中國市場銷售第一背後的品質競爭力與無往不勝的祕訣所在。在這個細節決定成敗的市場競爭中，企業的目標再高遠，也要腳踏實地並將現場的每一個細節都做好。海爾冰箱的品質管制者「穿白襪子檢驗現場」的背後，是其對創造客戶滿意度最大化的追求與實踐。

「一臺冰箱工作了二十年，工作狀態仍然讓主人滿意。」這個去年發生在海爾東營用戶家中的「冰箱壽星」故事，經媒體報導後，在消費者中間廣泛流傳。歐美發達國家確定的冰箱使用年限為十三到十六年，中國一般是十年，二十年無故障運行成了海爾冰箱品質領先的最好證明。

「只有產品品質靠得住，消費者在使用時，才能稱得上享受冰箱給生活帶來的便利和舒適。」海爾冰箱市場部負責人告訴記者，海爾為了保證到用戶家中的冰箱品質「靠得住，會首先給自己設置無數苛刻的障礙，即在每一個批次的冰箱上市前，先在試驗室裡進行用戶模擬試驗，直到試驗通過才能上市。一個試驗的細節就能夠看見海爾冰箱對品質的苛刻要求：為了防止冰箱在用戶家中被菜湯或者擦拭內膽的洗滌劑腐蝕，海爾會先用一定濃度的棉籽油、油酸按照一比一的比例進行三個月的耐腐蝕試驗，直到合格後才允許生產、銷售，而這樣的試驗條件在用戶的實際使用中幾乎是永遠遇不到的，或者即便是遇到了，海爾冰箱也能克服。而類似苛刻的試驗還有很多，但目的只有一個，那就是讓用戶滿意放心。

據悉，從用戶實際需求出發，海爾冰箱產品上市前進行的一系列性能可靠性實驗參數即將成為冰箱製造的產業標準。在得到中國家用電器標準化技術委員會的授權後，由海爾冰箱為首，伊萊克斯（AB Electrolux）、三星、新飛等多家企業參與制定中國電冰箱產業可靠性實驗標準專案。業內人士認為，如果海爾在冰箱上的可靠性試驗標準在冰箱產業推廣，那麼消費者就能夠買到品質更可靠的冰箱產品。

在產業標準正式推廣之前，消費者可以以這樣一個場景感性的認識海爾冰箱可靠性實驗是如何進行：在海爾產品運輸安全實驗室內，測試員利用機器設備，把一臺嶄新的冰箱舉升到一定高度，然後重重摔到地面上，這個動作要從六個角度重複十次。如果在此過程中冰箱被摔壞，實驗員會直接在可靠性試驗報告上畫上「？」，這意味著冰箱的外觀結構要重新設計，直到能夠承受十次跌落後依然完好為止。

這是一個很好的啟示：海爾冰箱之所以能在充滿跌宕起伏的市場環境中保持著第一的姿態而巋然不動，其祕訣正在於對自身產品可靠性以無數次高度跌落的姿態來進行的實踐履行。

細節與品牌從來都是緊密相連的，像海爾這樣，對細節全神貫注的品牌不在少數，中國的品牌經由細節的打造，贏得了世界的尊重和刮目相看。

第五節　產品在見人前需精心「打扮」

品牌的包裝就像人的臉面，需精心妝扮後才能自信地走出去。包裝是產品成形後急需考慮的，優良的包裝可以幫助品牌贏得消費者的信任，從而讓自己的品牌在消費過程中，產生極大的影響力。

作為市場領先者，在設計上推陳出新是為了提升品牌的附加值，將產品以至企業的壽命無限延伸。領先者在設計和品牌文化上也應該是帶領市場的。「追潮流不是長遠發展的策略，可能一年半載就會落後；而且永遠被人牽著鼻子走」。

產品是企業實現各種利益的載體，而包裝又是以具體的形式向顧客傳遞價值。其次，包裝又是代表企業與消費者接觸最多、成本最低的一種媒介，傳遞著品牌與產品的價值。當顧客購買產品時首先會透過包裝判斷產品的價值，而對價值的判斷不僅僅是從審美的角度，而是經由包裝所傳遞的滿足或引導他潛在需求的資訊來實現的。包裝能發揮出這些作用既需要我們重視包裝設計，使其為我們創造新的價值，同時我們也需要有新的包裝設計理念和方法來實現這一目標，而大多數的產品都從產品上尋找特點，把這些特點從需求的角度加以提煉，形成產品的概念，經由包裝的圖形設計，用視覺與消費者進行溝通，使消費者在短時間內知道產品的特點。針對這些情況，我們在包裝設計之前要根據消費者不同的需求動機，運用誇張的手法表現產品特點。如：「匯源一百，百分之百純果汁」，用數字強調了它的純正；又如：「白加黑，白天吃白片，不瞌睡；晚上吃黑片，睡得香」，把產品特點與消費者能獲得的利益緊密聯繫在一起，而且經由包裝設計的視覺表現（黑白分明的外包裝盒、黑白兩色不同的藥片等）很好地強化了產品特點。

在包裝方面，可口可樂有著豐富的經驗，對可口可樂而言，口味可以不變，但包裝一定要跟隨時代的需求。

一八九八年，可口可樂斥鉅資購買下玻璃瓶包裝專利，使它成為可口可樂的獨特形象。二〇〇三年二月十八日，可口可樂宣布啟用全新的商標形象，取代自一九七九年重返中國市場後使用了長達二十四年的中文標準字體；四月，麾下旗艦品牌雪碧標誌原有的「水紋」設計被新的「S」形狀的氣泡流圖案所取代；其後芬達推出全新瓶型，又演繹了一場精彩的「橙味風爆」。據專家預測：可口可樂更換新標誌後，可以將消費者購買欲望提高百分之五。紅色標準底色，由字母的連貫性形成的白色長條波紋和獨特的流線仕女身型可樂瓶形的組合給人眼前一亮的感覺，同時也形成了與其他品牌的可樂區分的效果。

包裝效應認為：現代市場競爭中的包裝，應著重表現商品本體性、趣味性、市場性的意義，追求多元化、個性風格化的特定價值，以平衡消費者心理結構上不穩定的欲望和感受。包裝應成為一種促進消費者購買欲望的動力。而可口可樂完美的體現了這一點；它的品質百年不變，但幾乎每隔幾年就會對自身的品牌形象進行一次細節上的調整和更換，以適應不斷變化的市場。

包裝並不是獨立存在的，而是要與消費需求相結合。二〇〇三年八月，北京奧運會為新會徽舉行了盛大的揭標儀式。當天可口可樂公司宣布，一百萬罐印有奧運新會徽包裝的易開罐正式上市。在罐身上方，印有紅色的奧運新會標，包裝整體以彰顯尊榮的金色襯托，淋漓盡致地表現出愉悅、歡快的喜慶氣氛。雖然這款金色易開罐包裝的產品，比其他包裝的可口可樂在零售價上要高出大約一倍，但推向市場後很快就被熱情的消費者席捲一空。

可見，經由這一系列充分把握時機、實施配合其自身品牌推廣的包裝策略，可口可樂贏得了市場先機，並獲得了消費者對品牌的青睞與忠誠。

總之，無論是從外部還是從產品本身找特點，在展開包裝設計前必須要提煉出產品的概念，也就是說就是賣給消費者的利益點，即滿足消費者的需求點。概念的濃縮是用誇張、對比、暗示等手法表現產品的利益點，它可以放大產品的價值。

品牌的包裝，是品牌展示給消費者的一張臉，這張臉如果面目猙獰必然會讓消費者退卻，相反，如果這張臉平易近人，讓人看著就生出親近感，那麼品牌必然會得到認同，其價值也會在短時間內翻倍。這就是包裝的力量。

第六節　天下大事，必作於細

海爾集團總裁張瑞敏說：「把每一件簡單的事做好就是不簡單，把每一件平凡的事做好就是不平凡。」美國西點軍校的格蘭特將軍（Ulysses S Grant）也說過：「枝微末節是最傷腦筋的。」是的，天下大事，必作於細。展示完美的自己很難，它需要每一個細節都完美；但毀壞自己很容易，只要一個細節沒有注意到，就會給你帶來難以挽回的影響。

中國的古人有很多關於細節重要性的論述，如「不積跬步，無以至千里；不積小流，無以成江海」，「千里之堤，潰於蟻穴」。

這就是所謂的「成也細節，敗也細節」。當有人問李嘉誠成功的祕訣時，他答道：「成功的祕訣不在於大的策略決策，而在於做好細緻工作的韌勁。」也就是說人和企業的成功在於堅持不懈地做好細緻工作！

然而，環顧我們周圍，大而化之，馬馬虎虎的毛病隨處可見，「差不多」先生比比皆是，好像、幾乎、似乎、將近、大約、大體、大致、大概、應該、可能等成了「差不多」先生的常用詞。就在這些詞彙一再使用的同時，許多重大決策都停留在了紙上，許多重點工作都落實在了表面上，許多宏偉的經營目標都成了海市蜃樓。

細節決定品牌成敗，而態度是能否發現細節、關注細節的關鍵。有著嚴謹的工作態度，每一個細節問題則會被重視起來。海爾創出了享譽全球的國際品牌，其在細節上無微不至的「五星級服務」發揮了重要作用。海爾要求每一個上門維修的人員從進門那一刻起，就要注意為使用者服務的每一個細節，如進門即套上一次性鞋套；自己帶水而不是隨意喝客戶的水，更不能索要東西；隨身攜帶抹布做好清潔；事畢整理地面清潔。海爾的管理層常說一句話：「要讓時針走得准，必須控制好秒針的運行。」這句話充分說明了「細節管理」的重要性。只注意大的方面，而忽視小的環節，最終會使品牌蒙垢，失去消費者。因此，海爾的企業管理從不忽視任何一點枝微末節。那些看上去瑣碎的細節，在追求目標的過程中往往具有非凡的意義。

很多品牌在創立之初，便雄心勃勃，一心想要稱霸天下，但卻沒有考慮自身的實力和市場，這些品牌往往在發展過程中，容易犯只追求速度而忽略細節的錯誤，對細節總是抱著無所謂的態度，使得許多工作往往因為一小步而與完美失之交臂。

中國人對執行力的態度是：做起事情有了偏差無所謂，對偏差沒有感覺，也不覺得重要。對一個螺絲釘的偏差無所謂，也不會把一個電池的偏差放在心上，所以做不好。

細節在品牌管理中，其實就是工作態度的問題。汪如順不僅是萊茵技術監督服務有限公司的總經理，同時也是德國 TUVCERT 主任審核員，參與過德國企業、日本企業、美國企業、香港企業、臺灣企業、中國國有企業、中國中小企業等各類企業的產品和體系審核，當記者請他談談中德企業在企業行為上的差別時，他用 ISO 管理過程中的一個細節向記者說明了兩者之間的差距。

如在企業的 ISO 管理中，有一個要求是企業與客戶的合約必須經過審核，審核時，審核員發現合約上客戶已經簽名了，卻沒有本公司銷售經理的簽名，按照程式檔的要求，合約必須要有銷售經理簽名，所以這是一個不合格項。但如果這是一家中資企業，審核員發現問題後，會在「糾正措施」上填寫：沒有簽名的地方補上簽名。接下來的程式是銷售經理補上簽名，再由審核員去驗證。這件事情就算完了。然而德國企業就不同，發現沒有簽名，不是簡單地讓責任人補上簽名，而是去查找沒有簽名的原因是什麼，並進行分析。經由分析發現：程序上寫的是要求銷售經理簽名，而銷售經理經常要出差，但合約又不能不簽。說明程序不具備可操作性。應該修改程序為：當銷售經理不在的時候，要授權給代理人。然後填寫糾正措施，更改編號為多少的程序。

同樣一件事情，由於思維和處理的方式不一樣，得出的結果完全不同，前者的責任人是銷售經理，後者的責任人是程序擬定者。前者只是就事論事地把事情做完就算了，後者卻在修改完程序之後還要檢查另外有沒有類似情況的程序，如果沒有，這個事件才可以「關閉」。

德國企業就是憑著這種審慎嚴謹、一絲不苟的做事風格和擅長邏輯分析的特長，成就了戴姆勒、西門子、大眾等世界級企業巨頭，以及一大批對產品精益求精、有超強競爭力的中小企業，同時也打造了「德國製造」，這個幾乎成為產品品質保證代名詞的品牌。

細節決定品牌的成敗，而態度是能否發現細節、關注細節的關鍵。有著嚴謹的工作態度，那麼種種的細節問題則不會被忽視。

如果你認為宏圖大略才是真正的大事，而那些雞毛蒜皮的事情根本不值得關注，那麼，那些雞毛蒜皮的小事很可能會給你帶來一連串麻煩。要想在嚴酷的商業競爭中穩操勝券，就必須警惕那些容易招致失敗的枝微末節。品牌打造並不是只有技術就可以的，還需我們在細節中不斷完善。只有這樣，品牌才能經受得住市場的考驗，最終成為享譽世界的品牌。

第三章　品質是品牌的 DNA

品質是一座大橋，承載著品牌的命運走向，一旦大橋坍塌，品牌也就走到了盡頭。品質是品牌的心臟，有了它，品牌才有活力，繼續跳動。品質在品牌中的地位是無可替代的。它的存在永遠不是可有可無，哪個個品牌忽略了品質，其結果必然是被時代所淘汰。

品質是品牌的地基，打好地基，才能讓品牌在時間的推移中變成摩天大廈。任何華而不實的空中樓閣，都是海市蜃樓，美則美矣，但卻金玉其外，敗絮其中。因此，打造品牌，就要讓品質成為先驅，有了無往不利的先鋒，一切問題自然迎刃而解。

第一節　1% 就是 100%

做品牌是一個長期而浩大的工程，不但需要耐心，更需要細心。在品牌打造過程中，品質是品牌的 DNA，是讓消費者分辨品牌與其他產品的根本所在。要知道，百分之一的產品出現問題，就可能讓品牌走向百分百的失敗，因此，切不可忽視品牌的品質問題。

人們對品牌和普通產品的要求不同，在人們的心中，品牌就意味著好品質，一旦品牌品質不過關，人們就會對品牌失去信心，消費者的流失，會讓品牌失去應有的影響力。

日本企業的品質策略是日本產品走向全球市場的基本策略。品質取勝的策略方向，貫徹在日本企業的管理中，貫徹在日本人的行動中。松下幸之助就是其中的一個代表，它的松下品牌一直堅持將品質作為發展的後盾，正是這份堅持，讓松下成為在世界都具有影響力的大品牌。

一九一八年，松下幸之助成立了松下電器公司。從一開始，松下就非常重視公司和員工的關係，他在公司內部公開經營資料，實施透明化經營。不僅如此，松下堅持每月給員工寫信，向大家傳遞他對產品的憂患意識。

一九三〇年代中期，松下在公司內提出七個指導性精神：品質，公正，團隊合作，努力工作，謙遜，社會意識，感恩心情。產品品質被他放在七個指導精神的首位。他曾經說過，對產品品質來說，不是一百分就是零分。沒有任何商量的餘地！

三十歲時，松下幸之助創造了五十年後世界上許多大公司仍在沿用的經營理念：首先創造優秀員工，然後才有製造電器的公司。在西方，這被稱為「以人為本」。將只有高素質的人才能生產出高品質產品的理念蘊含其中。

松下幸之助有一個著名的品質公式：1%=100%。也就是說，一個企業生產了百分之一的次品，對於購買這件次品的用戶來說，就是百分之百的次品。

品質就是生命。在一些新聞報導中，我們可以看到一些因品質而奪去人類生命的例子，這些例子就發生在我們身邊，血一般的事實告訴我們，品質才是品牌功成名就的來源。

在第二次世界大戰期間，美國空軍和降落傘製造商之間因為降落傘的安全性能發生了分歧。事實上，經過製造商的努力，降落傘的合格率已經提高到了百分之九十九點九。但軍方要求達到百分之百我，合格率百分之九十九點九為的話，就意味著每一千名傘兵中會有一名因為降落傘的品質問題而送命。但是，製造商則認為世界上沒有絕對的完美，要達到百分之百的合格率是根本不可能的。於是，軍方在交涉不成功後，改變了以往的品質檢查方法。他們從剛交貨的降落傘中隨機抽出一個，讓廠商負責人穿上，親自從飛機上往下跳。這時廠商才意識到百分之百合格率的重要性。奇蹟很快出現了：降落傘的合格率一下子達到了百分百。

也許有人會認為，這個世界上根本沒有百分之百，品質也是如此，但如果產品是我們自己用，我們是否就會更加在意產品的品質呢？答案是肯定的。中國有句話叫「己所不欲勿施於人」，本著這種精神，我們的產品品質就會得到明顯的提高，達到百分百並非是一個隻可仰望，不可攀登的高峰。把好品質關，才能讓品牌在市場競爭中穩步向前。企業要長盛不衰，必須把百分之一的問題看成是百分之百的問題來處理。

第二節　品質第一，利潤第二

在人們的心中，品牌就意味著品質好有信譽度。品牌是一種信任，同時也是一種責任。品牌要想走的長遠，就要永遠擔起這份責任。

品質是品牌生存之本，沒有品質，品牌也就失去了應有的意義。品質是金錢買不到的，拿金錢換品質的行為，無異於自取滅亡。因此，在必要時為了品牌名譽不受損失，我們寧可犧牲一些金錢效益也要來維護品牌聲譽，這是企業和品牌的生存之道。

二〇一〇年七月二日，莫爾多維亞共和國「汽車大王」格爾德·波恩宣布：旗下的克萊斯勒汽車公司破產。這意味著，這家在莫爾達瓦總共才經營了十六年的汽車公司，永遠退出了商業歷史的舞臺。

格爾德在莫爾多維亞從事汽車製造業有三十多年的歷史。

一九九四年，格爾德不滿足於國內汽車的生產，決定購買美國三大汽車巨頭之一的克萊斯勒汽車的製造技術，將其引進莫爾多維亞。

格爾德當時的資金相當雄厚，只需要美國克萊斯勒公司提供技術。在談判過程中，格爾德覺得美國的汽車圖紙其實也很簡單，經過分析，精明的格爾德對克萊斯勒汽車進行了拆解，最終認為其中的一顆通用型螺絲，完全不需要美國的技術支援，這樣可以省下一筆技術轉讓費。經過幾番談判，美國克萊斯勒汽車公司最終同意將那顆螺絲的生產技術排除出轉讓範圍。

一九九四年下半年，莫爾多維亞的第一家克萊斯勒汽車製造公司誕生，並很快投產。汽車在投向市場後，市場反應還不錯。然而到了二〇〇一年，極高的汽車故障率導致其銷量急速下降。經查，在所有的問題之中，因為一顆螺絲鬆動而引起的故障和車禍就占了百分之八十。

原來，在這個到處都是小型工廠的莫爾多維亞，格爾德甚至不願意自己生產那些細碎的小螺絲，而直接從國內的市場上採購螺絲。這些螺絲裝上汽車以後非常容易鬆動，短短的幾年時間裡發生了多起車禍。

隨著因螺絲而引發的事故不斷發生，許多受害者也組織起來，要求停止生產那些害人的汽車，並將格爾德告上了法庭。政府也同時發出警告，要求其提高品質。由於格爾德不重視汽車的品質，最終走向破產。同樣的於一九六七年二月宣布破產的 A．C．吉伯特公司，在此之前也已經有約五十八年製造兒童玩具的歷史。幾十年間，它的產品一直都行銷固定的市場，一度被人們與優良的產品品質劃上等號。但其最終卻因一款玩具賽車的品質問題使其優良的形象遭到毀滅，不得不宣布破產。

在一九六〇年代初，玩具業銷售環境發生了一些變化。然而，吉伯特公司直到一九六一年底仍沒有真正認識到市場的變化和問題的緊迫性。一九六一年，該公司只獲得兩萬多美元的利潤。對此，公司匆忙制定出一套計畫，試圖經由增加新的「熱門產品」把銷售額提高到兩千萬美元。為此，公司花費了很大的精力來擴大產品的花色品種，使產品種類達到了三百零七種，創下了公司歷史上的最高紀錄，且有史以來第一次開始向學齡前兒童提供玩具。

一九六五年入秋至聖誕，公司對產品花色品種再一次進行改進，大規模的廣告宣傳計畫和在銷售點舉辦陳列展覽的打算也都納入了預算。大量的廣告宣傳確實使銷售量達到了一千四百九十萬美元，比前一年提高了百分之三十。然而虧損也增加到兩百九十萬美元，主要原因是〇〇七玩具賽車的大量退貨。市場銷售情況證明，這種玩具賽車無論是在設計、製作，還是在包裝上，都很拙劣，且定價過高。

最終，曾經叱吒一時的 A．C．吉伯特公司只得宣布破產。

可見，「品質」是企業的資本，「品質」是客戶最想要的無價之寶，「品質」是消費者最基本的保障，同時，也是品牌發展所需的必備前提。

換而言之，採購方之所以買你的產品，是源於一份信任，是因為他覺得你提供的產品是安全的。如果提供的產品無法保證品質，無法為產品的直接使用者提供最基本的保障，那麼客戶也隨之會喪失信任。而失去了客戶信任的品牌，也就失去了生存的根基，最終難逃被淘汰的命運。

品質是不能拿金錢去衡量的，因為對品牌而言，品質是無價的，有品質品牌才能長久地走下去，只看眼前利益，而忽略品牌的長久發展，這是得不償失的行為。

第三節　起死回生的祕訣

辦法是人想出來，這個世界上只有想不到，沒有做不到的事情，這是一份難得的自信，也是品牌起死回生所必須的精神支柱。當你在精神上做好準備後，實際的行動更能有立竿見影的效果。

這裡所說的實際行動並非是拉關係，走後門，而是經由實實在在的行動來提高品質，提高品牌在人們心中的信譽度，從而讓品牌擺脫困境。這也是品牌起死回生的祕訣所在。

提到海爾，人們首先想到的是它「砸冰箱」的故事，這個故事在中國業界及消費者當中廣泛流傳，角度很多，但多數的評價都認為，正是這一舉動，讓海爾最終走出危機，迎來了品牌事業的春天。

產品的品質是企業的生命，只有優質、高效的企業才能在任何挑戰中永遠立於不敗之地，海爾集團正是清楚地知道這一點，才在品質上下功夫，最終讓海爾走出中國市場，進軍全世界。

一九八五年，青島電冰箱總廠生產的瑞雪牌電冰箱，在一次品質檢查時，庫存不多的電冰箱中有七十六臺不合格，按照當時的銷售行情，這些電冰箱稍加維修便可出售。但是，廠長張瑞敏當場下令在全廠員工面前，將七十六臺電冰箱全部砸毀。當時一臺冰箱約人民幣八百元，而員工每月平均薪資只有人民幣四十元，一臺冰箱幾乎等於一個工人兩年的薪資。當時員工們紛紛建議：便宜賣給工人。

張瑞敏對員工說：「如果便宜賣給你們，就等於告訴大家可以生產這種帶缺陷的冰箱。今天是七十六臺，明天就可能是七百六十臺、七千六百臺……因此，必須解決這個問題。」

於是，張瑞敏決定砸毀這七十六臺冰箱，而且是由責任者自己砸毀。很多員工在砸毀冰箱時都流下了眼淚，平時浪費了多少產品，沒有人去心痛；但親手砸毀冰箱時，感受到這是一筆很大的損失，痛心疾首。但只有經由這種非常有震撼力的場面，才能改變員工對品質標準的看法。

產品品質是當今市場競爭的焦點和根本手段，是產品能否在國際市場上取勝的關鍵性的決定因素。在中國未來的市場經濟中，實現經濟成長的方式也發生了根本的改變，它已從粗放型向集約型轉變，這實質上就是提高經濟生活的品質。

很多企業在處理不合格產品時，都把它當作是一個小問題來處理，甚至蒙混過關，降價出售等。他們缺乏的正是這種長遠的品質意識。事實上，對瑕疵品的寬容就是對品質的縱容。只有從意識上杜絕對瑕疵品的縱容，才能真正建立起品質的品牌。

在美國，許多公司常常使用相當於總營業額百分之十五到百分之二十的費用在測試、檢驗、變更設計、整修、售後保證、售後服務、退貨處理以及其他與品質有關的成本上，所以真正花錢的地方正是瑕疵品的產生。如果企業第一次就把事情做好，那些浪費在補救工作上的時間、金錢和精力就可以避免。

海內外成功的企業都把保證品質放在極其重要的位置上，因為它們明白，一次小小的疏忽、一點小小的馬虎都會為企業帶來莫大的損失。古語有云：「取法乎上，方得乎中。」倘若不追求完美，人的工作就不能令人滿意。

產品的品質是企業的生命，只有追求優質、高效的企業才能在任何挑戰中立於不敗之地。所以，企業必須做好品質把關。無論從事任何經營，都要嚴格要求產品品質。如果經營管理沒有品質管制的觀念，那麼這個企業就很難發展下去。只有用高品質的產品和服務來征服市場，贏得顧客，才能生存立足。

第四節　沒有品質，一切都是負數

在品牌品質的世界裡，沒有臨界點的說法，只有正負之分，品質作為品牌的生命，是充滿活力還是已到遲暮，都是由品質來決定的。在現代人的品牌意識中，如果沒有品質，一切都是負數：生產等於負數，行銷等於負數，廣告與品牌等於負數，收入與聲譽等於負數！這些負數足以讓一個品牌走向滅亡。

蒙牛作為中國知名的乳製品品牌，將品質放在了生產的首位，試想一下，假如一道工序控制不到位，整條生產線製造出來的都是問題奶！這時所造成的浪費是十分巨大的，因為一小步的錯誤，我們不得不付出更多的時間和金錢，這樣的錯誤又有誰敢輕易去犯！做好品質把關，這一切的浪費就都可以避免了。如果問題奶出了工廠，流到市場，那後果將會更加嚴重：顧客索賠，商家退貨，媒體曝光，輿論抨擊，政府問責……特別是買過問題產品的消費者，不僅不再回頭消費，而且會一傳十、十傳百，帶來的負面影響猶如一場風暴，讓已有的消費者信心全失，讓潛在的消費群望而卻步。

雪糕變形，發苦，細菌超標，吃出異物，受損失的僅僅是一根雪糕嗎？不，是你生產的所有雪糕。受損失的僅僅是「所有雪糕」嗎？不，是你生產的所有產品，連同牛奶、奶粉。受損失的僅僅是「所有產品」嗎？不，是你的生存資格和發展機遇。反之，牛奶、奶粉出了問題，同樣也會禍及雪糕。

此時，行銷是負數，品牌是負數，廣告也是負數。我們都知道，廣告是行銷的一種有效手段，但當品質與廣告方向相反的時候，廣告便會從一種好的宣傳變成致命的毒藥。評名牌，不如爭民牌；拿獎盃，不如樹口碑。要完成這目標，就需要我們將品質提上合格的高度，它要高於產品，高於企業利潤，唯有如此，才能讓品牌在消費群體中產生不可估量的影響。

產品不出問題，只是品質的最低標準；產品滿足需求，才是品質的最高標準。同樣的勞動，優質產品換回的是「一本萬利」，劣質產品換回的是「一本萬害」。沒有品質，一切都是負數。

全面品質管制的核心思想是「一個中心」：企業的一切活動都圍繞品質來進行。全面品質管制的基本特點是「三全」：全面、全員、全過程。品質控制涵蓋檢驗階段、製造階段、設計階段。品質是設計出來的、生產出來的，不是檢驗出來的，檢驗只是事後補救的「降落傘」。

品質是企業所有人的共同責任。在品質函數中，人是最主要的變數。當人是負數的時候，品質必然是負數。在緊密依存的集體協作中，團隊裡只要出現一個「負數人」，其他人的勞動往往就會被犧牲為「負值」—— 這裡沒有「負負得正」，只有「一負百負」。決定人的正負的是什麼？是態度，也是方法。責任心不強是負數，知識技能不過關也是負數。

要想實現品質沒有負數，首先要做到沒有「負數人」。要想做到沒有「負數人」，辦法只有一個：誰創造的負數，誰負責吞下。

品質是最公平的，它的天平始終平衡，它對每個品牌的標準都是一樣。要想讓消費者更傾向自己的品牌，就要用更高的品質標準來進行自我要求：把關品質，高標準，這樣的品牌才能在市場競爭中遊刃有餘。

第五節　好產品自己會說話

不管造什麼產品，一定要追求品質；不管你做什麼服務，一定要追求品質。銷售與品質是成正比的。品質最簡單最精確的定義就是：讓客戶感到滿意。而作為消費一方，品質無疑是滿意度的衡量標準。

品質是品牌與消費者之間的直線，有了它，我們完全可以取最短的距離。企業之間比服務、比價格，唯一無法替代的是產品的品質。品質是做出來的，而不是檢查出來的。只有有了嚴謹的品質觀念，才能做出一流的產品。世界上任何高品質的產品都是不斷改進的過程，而這個改進的過程一定少不了顧客的參與。產品品質的好壞由顧客說了算，只有提升產品的品質才能增加顧客的滿意度。

美國有一家地毯公司，向來都注重產品的品質和服務的品質。

他們在產品出庫發給客戶前都會測量地毯的穩定性、分子量的分布，單體元素反應的百分比、韌性等。並向顧客保證：「你所拿到的是品質最好的產品。」但是，意外的是，有一位歐洲客戶卻將貨退回來了，聲稱：「你的產品不能通過我們的 ROCL-stool 測試。」所謂的 ROCL-stool 測試就是把一張有滑輪的辦公座椅放上一些重物，然後在做測試的地毯毛皮上轉一萬圈。如果地毯毛與發泡塑膠底部澈底分開，就算品質不過關。最後，美國的這家地毯公司按照歐洲客戶的要求與測試方法，最終提供給顧客能經受八萬圈的產品。

品質就是生命，效益決定發展，在競爭激烈的商場上，品質是贏得客戶信任的基本砝碼，有了品質，才能占有市占率，實施名牌策略，占有優勢地位。品質關乎一個產業的興衰，一個企業的發展，一個地區的繁榮，甚至一個國家經濟的起伏。

企業要想在市場競爭中立於不敗之地，樹立自己的形象至關重要。首先是產品形象，企業應該從產品品種、產品品質、產品功能、產品價格、產品外型、產品包裝等方面下功夫，牌號和商標是產品形象的重要方面，而品質則是核心。

湖北興發化工集團股份有限公司董事長李國璋對員工提出了「誰不重視品質，誰要是砸牌子，我就砸誰的飯碗」的要求。南存輝對品質的追求也到了令人嘆服的程度，他有一句有名的話：「寧可少做億元產值，也不可讓一件不合格產品出廠。」有一次，正泰公司一批貨物出口時，在運輸過程中偶然發現有一件產品不合格，南存輝得知後，毅然要求全部開箱檢查。為了不影響交貨，這批貨物由海運改為空運。僅此一項，企業的運費就多花了 80 萬元。

產品品質是當今市場競爭的焦點和根本手段，是產品能否在國際市場上取勝的一個關鍵性的決定因素。「Do it right the first time ！」（一次成功），這句話在美國企業廣為流傳。一次成功是達到產品完美無缺的最理想的做法。要知道真正費錢的是沒有第一次就把事情做好。

追求品質是一種管理的藝術，如果企業能建立正確的觀念並且執行有效的品質管制計畫，就能預防不良產品的出現，高度發揮效益。

產品品質，在保證顧客滿意的同時，是不是也有其固有的指標呢？答案是肯定的。但一般而言，下列幾個標準是消費者首選的標準：

①**安全性**。安全是消費者對產品品質最基本的要求。很難想像剎車容易失靈的汽車會得到消費者的青睞。

②**耐用性**。消費者一般都比較實際，比較容易選用耐用的產品。當然耐用性要有一定尺度，如製造出來的是價格昂貴，雖能穿幾年不壞的皮鞋，也並不一定能贏得多少消費者。

③**新穎性**。喜新厭舊似乎是人類的特點之一，新穎性能使消

費者產生視覺方面的美好效果。

④**適用性**。品質越高就一定能符合消費者的需要，但品質過高還可能形成產品過剩。

一個企業，一個公司要想打造屬於自己的品牌，要想在激烈的競爭中長盛不衰，都必須重視產品的品質，用高品質的產品和服務來征服市場，贏得顧客。要知道，好產品自己能說話，而這類無聲語言，是獲取消費者信任的最佳途徑。

第四章　貼心服務讓「上帝」更安心

服務是品牌成長當中重要的一個環節，也是現代銷售當中最難把握的一關，如果我們能夠攻下這做堅固的城堡，品牌的勝利便觸手可及。

「顧客就是上帝」不應只是一句空話，落到實處方能看到效果。在競爭激烈的汽車產業有這樣一句話，那就是「第一輛汽車始於銷售，第二輛車始於服務」，服務的重要性已不言而喻。

在品牌選擇多樣化的今天，服務已成為品牌間競爭的指標。好的服務不但可以留住老顧客，還可以更有效的發展新顧客，有服務的品牌才有未來，重視服務，品牌才能走得更加長久。

第一節　服務越到位，客戶越長久

服務這個詞由來已久，但真正被靈活運用的時間卻並不長，尤其是在中國，很多產業的服務都是在摸索中前進，「遇到問題——解決問題——完善服務」，很多服務都是在這個過程中漸漸發展起來的。

「顧客就是上帝」是一個服務的口號，同時，也是服務的一個方向。任何一個品牌都應將服務放在首位，做好服務，讓消費者放心，品牌才能在消費者當中形成口碑，從而讓自己的品牌走向更大的成功。

服務的英文書寫方式是 service，將這個單字分解開，我們就可以體會到服務的真正含義。也能讓我們明白要想服務到位，需要從哪些角度來作為切入點。

S—微笑待客 Smile for every one

E—精通業務上的工作 Excellence8in everything you do

R—對客戶態度親切友善 Reaching out to every customer with hospitality

V—視每一位客戶為特殊和重要的大人物 Viewing every customer as special

I—邀請每一位客戶再次光臨 Inviting your customer to return

C—營造溫馨的服務環境 Creating a warm atmosphere

E—用眼神表達對客戶的關心 Eye contact that shows we care

服務對於品牌的意義不是一個詞那麼簡單，只有用心去感受和領悟，才能從服務當中看到品牌的方向。好的服務可以為品牌的發展掃平障礙，鋪就一條通向光明的羅馬之路。

讓我們讀一則服務故事，這個故事來自於遊輪上的一位旅客的來信：

「尊敬的遊輪主管路易斯先生：你好！我對貴公司的服務有一些話要說。

請允許我先介紹一下自己。我是一個常年漂泊在外的人，因為工作的需要，迫不得已只能頻繁奔波於世界各地，『家』在我的印象中已經淡化成川流不息的車輛、起起落落的飛機和點點燈光的標誌。但是，自從我上了這艘遊輪後，連續七天不同的『發現，讓我有了回到家的感覺。

入住第一天，我把換下來的衣服全洗了，不過匆忙之間，我漏掉了一雙襪子。但是，當我回房時卻發現襪子早被乾乾淨淨地晾在了衛生間，而且衣服早已整整齊齊地疊放好了。

入住第二天，我在洗澡時發現酒店配備的小瓶洗髮精沒了。取而代之的是我最喜歡用的兩包「SX」牌子的洗髮精。原來這一切都是細心的服務員瑪麗小姐在無意之中聽我講到不習慣用酒店的洗髮精，並且在整理房間時發現了我丟在垃圾桶內的「SX」洗髮精小包裝後發生的，是她特意為我準備了兩包。

入住第三天，我又有了一個充滿驚喜的發現，原來是我的那條破了的，貼著雙面膠的西裝褲已被縫得整整齊齊，到現在我還不知道這件事是誰做的。

入住第四天，我發現我房間書桌上的檯燈從左上角被移到了右上角，一定是客房服務員瑪麗小姐發現了我用左手的習慣。

入住第五天，我在餐廳裡驚奇地發現，餐廳的服務員似乎也掌握了我用左手的習慣。因為他們在為我擺刀叉的時候，都擺放到了碟子的左邊。

入住第六天，我正為剛在餐廳裡被不小心灑上了菜湯的皮鞋苦惱時，服務員瑪麗小姐拿著一雙拖鞋敲響了我的房門，禮貌地對我說：『您可以讓我為您把皮鞋清洗乾淨並擦上鞋油嗎？我會馬上送過來的。』不一會兒，瑪麗小姐拿著我嶄新發亮的皮鞋回來了。

入住第七天，這是一個特別的日子，但只是對我而言，因為今天是我的生日。可是沒想到，中午的時候，幾十朵潔白的梔子花被送到了我的房間，上面還插著手工製作的精美生日賀卡，並配了一盤新鮮的水果。原來是瑪麗小姐看到了我房間裡寫著『生日快樂』的禮品盒，於是到登記處查詢到那天是我的生日。

那天，她和幾位服務員小姐一起對我說了一句話「Happy Birthday」（生日快樂），這讓我的心情霎時激動起來。真想不到，已經習慣了遠離家人，習慣了人情淡漠的我，竟然在異國他鄉的旅途中——你們的遊輪上享受到了家的溫馨與驚喜！

今天，我要對瑪麗小姐和所有為遊客們服務的人說一聲『謝謝！』感謝你們帶給我的種種驚喜，感謝你們對我的無微不至地關懷，感謝你們提供的用心服務，這次夏威夷之旅將使我終身難忘……」

當讀完這個故事，不知你有什麼感想？你是否有過讓客戶大量接受你的服務，並為你的服務感激涕零過？你是否有過讓客戶持續購買你的產品，並為你的服務而感動過？

有些產品，明明跟別人不一樣，有它獨特之處，客戶卻說是一樣的，這多麼失敗；而有些產品，明明跟別人一樣，客戶卻認為它不一樣，這多麼成功。這種失敗與成功不是源於產品的品質較量，而是服務品質的競爭。

亨利．福特曾說過：「我喜歡熱情的人，他熱情，就會使顧客熱情起來，於是生意就做成了。」所以說，熱情不但是一種服務態度，也是一種推銷方法。

阿里巴巴創始人馬雲說：「丟了一個重要客戶不可怕，可怕的是沒有建立一套服務的體系。」銷售後的周到服務，是創造永久客戶的不二法則。無論多麼好的品質，如果服務體系不完善，客人便無法得到真正的滿足，甚至於服務方面有缺陷時，會引起客戶的不滿，從而喪失自身的信譽，也跑掉了到手的客戶。

現在，各大品牌都十分注重服務，不但是在銷售中，在銷售過後的服務也同樣重要，試想一下，假如我們買回了產品，卻在出現問題時，產品提供者視而不見，漠不關心，這種無奈的感覺，還有誰想嘗試第二次呢？因此，做好服務，是全方面的，要從顧客的角度，為顧客解決所有後顧之憂，沒有了擔心，顧客自然就會放心購買和使用「你」的產品，品牌的名聲，也會因服務而聲名鵲起。

第二節　不一樣的服務，不一樣的滿意度

滿意度是衡量一個品牌成功與否的標準，不一樣的服務會帶來不一樣的滿意度。在全球競爭日益激烈的今天，服務在品牌的影響力方面占據主導地位，服務做得越得人心，消費者對品牌的忠誠度就越高，這也是品牌維護的必修課之一。

沃爾瑪是世界零售產業的霸主，沃爾瑪以一千三百九十二億美元的年銷售額雄踞世界五百強排行榜第四名。沃爾瑪發展的始終，都在於它不一樣的服務。

1. 不一樣的服務方式

有一次，一位顧客到沃爾瑪商店尋找一種特殊的油漆，而沃爾瑪沒有這種商品。他們並沒有一推了事，而是由部門經理親自帶這位顧客到對面的油漆店裡購買，這使顧客和油漆行的老闆感激不盡。山姆（Samuel Moore Walton，沃爾瑪創辦人）就是這

樣努力地為顧客著想。用羅伯特・澤伯塔的話來說，為了顧客，山姆可以以任何方式或特殊方式，甚至是全美產業中絕無僅有的方式，為公司服務，為股東服務，為員工服務，為社區服務，為顧客服務。

2. 不一樣的服務態度

當你走進任何一家沃爾瑪商店，店員會立即出現在你面前，笑臉相迎。山姆曾提出一條服務原則——「十英尺距離」。他多次到店裡巡視，經常鼓勵店員：「我希望你向我保證，無論什麼時候，當顧客與你的距離在十英尺內時，應注視著他的眼睛，問他是否需要你的說明。」

3. 不一樣的售後服務

店裡還張貼著醒目的標語：「我們爭取做到，每件商品都保證讓您滿意！」顧客在沃爾瑪的任何商店購買任何商品，可以在一個月內退還商店，並拿回全部貨款，這在其他商店中幾乎是不可能的。

4. 不一樣的服務理念

不僅店員要做好自己的工作，讓顧客滿意，經理、部門經理更要對此有深刻認識，並且貫徹在自己日常工作中。沃爾瑪分店的經理們經常指著貨架上的某種商品，問部門經理：「如果你是顧客，你希望怎樣擺放這種商品？如果你是顧客，你在買這種商品時，還會同時購買哪些其他商品？你會怎樣去找那些商品？」……

這讓每一位經理都設身處地地為顧客著想，以顧客的觀點看待商品陳列、商品採購、商品種類、各項服務等等。因此，沃爾瑪總會讓顧客感到方便隨意。

5. 不一樣的出發點

許多公司或企業唯一的目的是賺錢，但沃爾瑪則不一樣，雖然他們也是為了賺錢，但同時他們更在意為百姓提供方便。其中，商店選址、購物時間安排、商品價格、成本結構、展店過程中與當地居民的相處、保持良好的社會形象等都是沃爾瑪在不斷探求並努力做到的。而其中「一站式購物」原則是沃爾瑪軟硬結合的最好體現。

6. 不一樣的服務規則

「今日事，今日畢。」不管是鄉下的連鎖店還是鬧市區的連鎖店，只要顧客提出要求，店員就必須在當天滿足顧客。比如，一個禮拜天的早上，阿肯色州一家沃爾瑪連鎖店的藥劑師在家裡休息，接到商店同事打來的電話，說他的一名顧客是個糖尿病患者，不小心把她購買的胰島素扔進垃圾處理箱裡了。糖尿病人如果缺了胰島素，將是非常危險的。儘管是休息時間，藥劑師還是很快趕回商店，從藥房取出胰島素，馬不停蹄地給顧客送去。

服務需要用心，做到實處，要知道，用真心才能換來真心，服務越做越好，生意就會不期而至。記住：不一樣的服務，換來的是不一樣的滿意度。而不一樣的滿意度，換來的是品牌不一樣的影響力。

第三節　讓「上帝」更有權利

Web2.0 時代是真正的「消費者為王」時代，強大的網路技術幫助消費者從企業手中搶回控制權。消費者成為主導的主體，也更有權利、更加聰明。在此之前是消費者來理解傳媒和企業傳遞的資訊，而在當下這個時代，是媒體和企業要瞭解消費者的需求脈絡。

一個能夠創造成功品牌的企業明白這是時代的新需求，只有順應這種需求，才能最終在競爭中取得明顯的優勢。

在海爾冰箱的任何一款產品沒有走向市場以前，就已經和消費者見面了。不過，這樣的見面並不是商場裡的銷售情景，而是一批海爾冰箱產品研發部門邀請來的消費者代表，在仔細查看冰箱產品以及體驗使用後，依據自己的感覺對產品「挑刺」。無論是外觀設計，還是內部使用構造，只要消費者提出任何一種「抱怨」，海爾冰箱的研發人員都要記錄下來，研究可行後對產品重新進行設計改進。

讓消費者挑刺就是為了滿足消費者的需求。海爾冰箱整合全球的研發優勢，確立了中國市場銷售十八年始終第一的堅固地位。在海爾看來，即便是自己能夠整合全球的專家團隊研發出創新的產品，但如果這些產品不能經由消費者檢驗，創新也就失去了意義。可見，海爾冰箱整合全球研發力量的目標是讓消費者滿意。因此，新品上市前先給用戶審核已經成為海爾冰箱的例行工作，這或許就是其十八年蟬聯中國冰箱市場第一的祕密。

海爾為讓用戶滿意在研發方面的努力已經在市場上得到驗證。其推出的法式對開門冰箱、法式六門冰箱等系列創新產品已經成為中國消費者的首選。特別是法式六門冰箱的暢銷更能說明這個問題。而海爾冰箱總是被老百姓選擇的背後，是其不斷為消費者滿意而進行的全球資源整合。

讓上帝更有權利，就會給品牌帶來意想不到的收穫，這是品牌與消費者之間的互動，同時，也是品牌走向貼心服務的重要一步。

在美國，戴爾是第一個向製造商直接出售技術支援的公司，它把向顧客傳遞滿意的服務與支援制度化。以「戴爾視野」為基礎，創造出一種服務意識：顧客「必須掌握品質技術，並感到愉悅，而不僅僅是滿意」。事實上，這個公司在一九九三年就認識到，經由零售商，諸如沃爾瑪銷售個人電腦，在提供顧客服務上都會產生問題。當它把銷售模式改變為以郵寄訂單為基礎時，它的利潤就又一次開始增加了。

戴爾以服務進入市場，並經由許多管道進行促銷，最基本的管道就是在個人電腦和企業出版物上做廣告。不僅如此，他們為了滿足大公司客戶的需要，還把一些銷售力量根據他們各自服務市場的不同而劃分為不同的銷售管道：中小企業、家庭使用者、公司客戶、政府、教育和醫藥單位。每一銷售管道都有自己的市場、顧客服務和技術支援機構。這樣的團隊機構確保了每一位顧客最大的滿意度，同時也保證了每天從顧客那裡得到直接的資訊回饋。而其他經由批發管道銷售產品的個人電腦製造商就缺乏這樣的優勢，從而也就不能迅速地對市場的變化和服務的要求做出相應的反應。

戴爾的產品線經由電話進行銷售，每個電話銷售代表每年往往需要回答八千多個打進來的電話。除了回答顧客主動打進來的電話外，許多基地的銷售人員還為同樣從事銷售活動的其他地區的團隊成員提供諮詢和支持。

銷售訂單一天內多次傳遞給製造工廠，而且所有的軟體系統都是為最大限度地滿足消費者的需要而根據顧客的特殊要求量身定做的。

一九九一年後，戴爾在美國、英國、德國和法國開展的「顧客滿意度」民意測驗中一直名列前茅。戴爾的企業文化以業績為導向並強調顧客滿意。現在，有百分之七十以上的戴爾客戶已成為重複購買者，而且一如既往地關注顧客的滿意度，這正是戴爾能夠在強手如林、競爭激烈的個人電腦市場上站穩腳跟，並且快速成長的關鍵因素。

以顧客為中心其實就是從一切角度為顧客提供最大、最有價值的服務，知顧客之所需，供顧客之所求。行銷人員只有不遺餘力地去兌現對顧客的承諾，才能維護企業的形象。

以顧客為中心的服務模式是由史蒂芬·阿布里奇建立的「服務三角形」。他強調企業服務策略、服務系統和服務人員都要以顧客為中心，形成「服務三角形」。

「服務三角形」的每一個部分都相互關聯，每一個部分都不可缺少。服務策略、服務系統和服務人員三者共存又相互獨立地面對顧客這個中心，各自發揮著作用，顧客則是這個「服務三角形」的中心。

要制定出好的服務策略，首先必須明確自己企業所屬產業的狀況，還要學會從顧客的角度考慮問題。服務系統在企業的服務中占有相當重要的地位，這個系統必須保障完善和暢通。一旦出現問題，就要立即予以調整和改善。優秀的服務人員，可以確保企業成為以顧客為中心的企業。行銷人員必須在相應的職位上起用合適的人才，在該做什麼的時候就做什麼。

「服務三角形」如此重要，行銷人員應該認識和瞭解這種服務理念，並根據這一服務理念提出合理的工作建議，改進工作方法，使企業更好地為顧客服務。

一個以顧客感受為中心的服務策略才能受到消費者的關注，如果企業能夠關注每一位顧客的感受，並滿足每一位顧客極個性化的需求，必將取得極大的成功。

第四節　誠信為本，「穩」住顧客

商界競爭的真正智慧是靠信譽競爭。建立信譽、維護信譽、提供信譽是走向成功的正確道路。有一些品牌在發展起來後，便失去了當初創建時的雄心，只為一些眼前利益，不顧自己的信譽，從而使還處在發展階段的品牌走向了滅亡，搬起石頭砸了自己的腳。

在企業的經營中，樹立良好的企業形象，建立誠信的企業信譽以適應市場競爭的需要，才能永遠立於不敗之地。

日本八佰伴商社初期僅是一個當街販賣水果蔬菜的小攤位，經營這家商社的是和田良平與他的妻子加津。他們在創業之始，深知自己「家小」、「業小」，沒有更大的資本去經營，只有勤奮工作，不斷創造條件，才能在日趨激烈的競爭中站住腳，並發展壯大起來。為此，夫婦倆把「誠實無欺」作為自己經商的信條。

經過十餘年的努力，和田良平夫婦在熱海市場終於有了屬於自己的店鋪，店號叫做「八佰伴」。但是，不久，熱海市場連遭大火，成千上萬的人家被大火燒得一貧如洗，「八佰伴」也被燒成一片灰燼。這時「八佰伴」有一批貨在大火後運到，由於許多菜店都葬身火海，導致蔬菜價格暴漲。和田良平夫婦認為，現在大家都很困難，不能賺這筆不義之財，而且在這種困難時期，仍然以平價出售，更能證明自己講求信義，真正做到以誠信為本，這關係到商店的長遠發展。因此，和田良平夫婦堅持以平價出售，贏得市民們的好感和尊敬。

當時，「八佰伴」與幾十家批發商店有聯繫。批發商們知道「八佰伴」有困難，主動提出免去或遲收「八佰伴」的貨款。「八佰伴」認為經商必須講求信譽，否則，無法發展壯大，於是決定按月湊足現金結帳。批發商們認為「八佰伴」可以信賴，在以後的交往中，不斷地為「八佰伴」提供優惠的條件，資助「八佰伴」的發展。不久，和田良平夫婦就在廢墟上建起了二層樓的新商店，這要功於他們「誠實無欺」、講求信譽的經營策略。

和田良平夫婦在事業有成的基礎上，將講求信譽、「誠實無欺」的經營方針進一步推向深入，大膽實行了明碼實價經營，這一舉措在當時的日本，敢於這樣做的商店少之又少，這是以真正最低廉的價格向顧客銷售最好貨物。有一次，加津對丈夫說：「如果把每件商品的毛利增加一分錢，我們就能扭虧為盈。」和田良平思索良久說：「我們一開始就堅持以廉價經營的方針辦店，千萬不能半途而廢。從明天開始，每件商品的毛利下調百分之一。」消息傳出去，又有更多的顧客湧向「八佰伴」購物。「八佰伴」不懈追求，不斷創造新的、為顧客所歡迎的購物環境，使自身贏得了一次又一次發展的良機。

「八佰伴」公司的發展史，是世界商業史上的一大奇蹟，雖然在一九九七年因各種原因導致破產，但它曾經的輝煌給人們留下了深刻的印象。

在中國歷史上，晉商是誠信的化身。山西商人「輕財尚義，業商而無市井之氣」，「重廉恥而不失體面」，以崇尚信義為準則時刻約束自身，將嚴守信譽的商業美德代代相傳。他們「絕不賺昧心錢」，以做信義取利的誠賈廉商為榮。

他們受一事諾一言，把信義和取利結合在一起，在商界中美譽相傳，形成了其穩固的商業地位。山西人自古就善於經商。從堯舜禹時代晉商就已經開始出現，經歷了秦漢、隋唐、宋元，到明代晉商已在全國享有盛譽。而清代，晉商的貨幣經營更是達到了鼎盛，他們的票號甚至壟斷了當時中國的金融業。晉商不僅盤踞在中國北方的貿易市場，而且開始向整個亞洲地區拓展，甚至把觸角伸向歐洲市場。以至於當時流傳著這樣一句話：「凡是麻雀能飛到的地方，就有山西商人。」

數百年以來，晉商創造了輝煌的成就，從古到今一直就有「海內最富」、「晉商五百年不衰」的說法。晉商能夠取得這樣的成績，他們的主要祕訣就是誠信為本。在義利問題上，晉商也有自己獨特的見解和行為規範。他們主張「君子愛財，取之有道」，反對以卑劣的手段騙取錢財。因此各商號在經營中都規定「重信義、除虛偽、貴忠誠、鄙利己、奉博愛、薄嫉恨」，要求商人恪守「誠信仁義、利從義出、先予後取」的正道晉商身入財利場卻能守信耐勞，以誠取勝，時至今日，沒有幾人可以做到。

清代晉商喬致庸曾提出：「首重信，次講義，第三才是利。」

可見誠信對晉商有著導向性的深遠影響，因此當時山西民風中多以經商為榮。清朝山西巡撫劉於義給皇上的奏摺中稱：「山右積習，重利之念甚於重名。子弟俊秀者，多人貿易之途，其次寧為胥吏，至中材以下，方使讀書應試。」當時還有這樣的諺語「生子有才可做商，不羨七品空堂皇」，在山西廣為流傳。這種重信用、講義利的價值觀念，也正是山西晉商輩出，財富滾滾流入山西的思想基礎。

的確，經商的法則之一就是誠信。只有誠信經營，市場經濟才能正常運轉，任何弄虛作假、坑蒙欺詐、假冒偽劣等不道德行為都會破壞市場經濟準則。所以，誠信是市場經濟的基本條件，市場經濟就是誠信經濟。從經濟學的角度來看，品牌減信收益大於誠信成本，所以誠信是品牌安身立命之本。

沒有誠信，品牌便無法走下去，欺騙只是一時的，一旦被揭發，後果就是滅亡，無數的事例告訴我們，沒有誠信，任何品牌都不會長久。

在很多人的印象中，對於那個九十年代曾經在中國風靡一時的保健品中華鱉精仍記憶猶新，那時「鱉精」這種「神奇」的東西風靡了整個中國。短短幾個月間，中國冒出了數百個「鱉精」品牌，從口服液到沖劑，從藥品到食品，都跟「鱉」掛上了「親戚」關係。一九九五年，《焦點訪談》記者實地暗訪，發現江蘇某廠製作「中華鱉精」的過程：偌大一個鱉精廠僅有一隻鱉，還是養在後院的池子裡。那成箱運到市場的鱉精產品只不過是紅糖水。於是，一夜之間，一隻老鱉燒二十噸「中華鱉精」的事實傳遍大江南北。結果曾經輝煌一時的中華鱉精徹底垮臺，並從人們的生活中消失。

一個品牌無論曾經多麼風光，都要堅守誠信，欺騙永遠都是品牌發展的黑手。任何品牌，只要留住顧客，都離不開誠信。

第五節　態度決定業績

一個人的生活態度，影響著一個人的一生，在有限的生命當中，活在晴天，還是雨天，都是由我們自己決定的。作為一個品牌，它的態度往往決定著品牌的影響力，敢於向消費者做出承諾的品牌，是深入人心的。這是一種自信，同時，也是一種對顧客，對品牌負責任的表現。

清除顧客購買之後的風險因素，是服務的主要內容，這也是我們常說的售後服務，一個優秀的品牌要勇於和善於承擔起自己與顧客間的所有風險。這樣的做法，既貼心又可以消除顧客的後顧之憂，堅持這樣的服務，就會讓品牌的發展更加順利。

有一個貓眼石珠寶商，就提供了一個很貼心的保證：任何一個向她購買寶石的人，不管將寶石帶到何處，包括給其他一些朋友，如果他們不滿意，甚至中途單純改變主意，也沒問題，只要在一年之內，她都會將顧客的錢完全退還。而在全國的珠寶商中，從來沒有人敢提出這樣的訴求，結果她大獲全勝。

如果你的產品或服務是好的，顧客的反應也會跟著變好。你的保證愈長，你所能製造的特別期望值越高，就會有越多人來買。

有一家生產美容化妝品的公司，給顧客的承諾是：「如果您使用我們的產品九十天內沒有看起來更年輕，更亮麗，皮膚更光滑，更有彈性，我們無條件退款。如果您在使用我們產品九十天內，對產品表現不滿意，我們就不配拿您的錢，您有權利要求我們在任何您指定的時間內，不問任何問題，將您的錢完全退還。您也不需要覺得有任何不對。」

這樣一個大膽的保證是需要足夠的品質保證的。事實上，這家公司生產的產品品質是一流的，他們在此之前做過充分的試驗，證明產品的效果確實非常棒。但是你的保證必須真誠，全心全意並毫無漏洞。一個有漏洞或不真誠的保證，比沒有保證要造成更大的傷害。

商家做生意，為了使自己的產品賣得更多，常常是不擇手段，絞盡腦汁。面對競爭對手，有的靠價格取勝，讓利潤低得不能再低；有的靠廣告狂轟亂炸……

懂計謀的商家不會去直接與對手交鋒，而是在對手想不到的角度，讓顧客體會得更多，從而贏得市場。在這方面，「IKEA」堪稱成功典範。

IKEA，瑞典家居用品零售集團，已有五十六年歷史，在全世界二十九個國家的各大城市中擁有一百五十家商場。

消費者在購買商品的同時也在購買一種感覺和體驗，商家直接的促銷方法是在商品本身上研究思路，而IKEA則採用細節服務的方式，把眼光盯在顧客的感覺和體驗上，其實主要是為了抓住顧客的心。

宜家有一個購物特點，就是將旅遊的價值取向注入購物的過程，讓顧客更敏感的是購物的體驗。輕鬆、自在的購物氛圍是全球一百五十家宜家商場的共同特徵。這也是「圍魏救趙」之計的妙用，宜家鼓勵顧客在賣場拉開抽屜，打開櫃門，在地毯上走走，或者試一試床和沙發是否堅固。這樣你會發現在宜家沙發上休息有多麼舒服。如果你需要幫助，可以向店員說一聲，但除非你要求店員幫助，否則宜家店員不會打擾你，以便讓你靜心瀏覽，輕鬆、自在地逛商場或做出購物決定。

宜家所進行的商品檢測也與眾不同，它沒有那些冠冕堂皇的這個「指標」那個「認證」。它從顧客更關心的視角，商品品質的耐性進行實打實的測試。在宜家，用於商品檢測的測試器總是非常引人注目。在廚房用品區，宜家出售的櫥櫃從擺進賣場的第一天就開始接受測試器的測試，櫥櫃的櫃門和抽屜不停地開、關著，數位計數器顯示了門及抽屜或承受開關的次數至今已有將近二十一萬次。你相信嗎？即使它經過了三十五年、二十六萬次的開和關，櫥櫃門仍能像今天一樣正常工作！

中國家具店動輒在沙發、席夢思床上標出「樣品勿坐」的警告，相反，在宜家，所有能坐的商品，顧客無一不可坐上試試感覺。週末客流量大的時候，宜家沙發區的長沙發上幾乎坐滿了人。宜家出售的「桑德柏」沙發、「商利可斯達」餐椅的展示處還特意提示顧客：「請坐上去！感覺一下它是多麼的舒服！」

在沙發區，一架沙發測試器正不停地向被測試的沙發施加壓力，以測試沙發承受壓力的次數。計數器上顯示：至二〇〇三年十二月二十五日下午三點五十三分，這座沙發已承受過五十八萬兩千四百四十九次壓力。宜家總是提醒顧客「多看一眼標籤：在標籤上您會看到購物指南、保養方法、價格」。靠著這些在細微處的關照，宜家取得了成功，這種別具一格的銷售方式，使其經營更富於人性化，因此將顧客拉得更近。

麥當勞食品是全球最具影響力的速食業霸主之一，麥當勞能取得如此輝煌的成績也與它在細節處的服務分是不開的。

麥當勞食品是全球最具影響力的速食業霸主之一。它曾一度領導了世界速食文化的潮流，對人們的生活和飲食產生了深遠的影響。麥當勞食品行是每天要與顧客打交道的產業，每天有數以萬計的顧客在支持他們的事業。

那麼，這麼一個大的國際速食集團是如何為顧客提供服務的呢？我們一起來聽聽麥當勞有限公司的行銷主管約翰·霍克斯道出箇中原由：

「在全世界我們視每個顧客都是具有不同個性的人，每天我們將自己的牌子交給大約三十萬名年輕的男女顧客。為了贏得顧客的光顧，員工們必須深刻地知道如何用顧客喜歡的方式去為顧客服務。

「每個在麥當勞工作的人都要具有適合幹這項工作的個性。從根本上講，我們尋找的是那些喜歡別人的人，那些喜歡在繁忙的氣氛中與別人一起工作的人；最重要的是，那些天生就懂得服務和勞役之間的差別的人。其他的東西都可以教，唯有友好、開朗的個性是你身上要麼有要麼沒有的東西。

「即將就職的新進員工到職前，必須完成為期三天的工作體驗。即品質、服務和清潔所需要的奉獻精神。他們會看到一切都是怎樣完全以滿足顧客為中心的。

「公司的文化就是以滿足顧客、愉悅顧客為中心，這個文化觀念要反覆灌輸到每個員工的腦海中。公司有關食品品質、衛生、工作人員的工作精神和態度、麥當勞餐廳及周邊環境衛生，都離不開這個文化理念。一旦被接納，培訓立刻就會開始。培訓地點是餐館以及漢堡包大學。這些最先進的培訓中心講授一系列課程，內容不僅僅是我們餐館各部分的功能。所有課程的設立前提是：向顧客提供完全滿意的服務。所有培訓出來的員工都要得到賓館餐飲培訓公司、環境健康研究所和各種教育機構的認可。

「我們每個員工的姓名卡上都有星級標誌。這代表他們在餐館各部門中所經歷的所有階段。只有獲得了所有五顆星，他們才能進入餐館的管理層。姓名卡上星星的顆數表示在餐館各職能部門中的技能水準的高低，如果你在做的不是最重要的事，即為顧客提供優質的服務，那你就一顆星也得不到。

「麥當勞餐飲公司一直在遵守著這樣一種規定，那就是任何一種麥當勞食品，一經製作出來，如果三小時內沒有全部賣完，剩下的一律倒掉，炸老的薯條，寧可不要。永遠追求食品的新鮮和衛生。」

態度是無形的，沒有具體的標準，每個品牌對顧客的態度也各有不同，有的為了讓顧客放心，做出承諾；有的則用實際行動，表明品牌對顧客認真負責的態度。態度不同，業績不同。任何成功的背後，都有著良好的服務精神。沒有誰可以在沒有付出的情況下，可以讓品牌快速發展。態度是業績的來源，沒有一個好的態度，顧客就會止步，品牌也會因此而停下甚至退回腳步。

第六節　微笑是商場最高的武器

「笑」不僅是服務態度，也是競爭手段。笑是不需要你花一分錢，就能把顧客招來的一種極為廉價的無形財富。

微笑是服務人員做好工作的前提，它也是服務產業興旺發達的一種行銷藝術，正所謂「沒有笑莫開店」。對客人笑臉相迎，笑臉服務，必然會帶來顧客盈門，生意興隆。

有一首《微笑》的詩，以「心」形排列，貼在巴黎的許多商業和服務機構裡面，其詩句值得品讀：

微笑一下並不費力，但它卻產生無窮的魅力。受惠者變為富有，施與者並不變窮。它轉瞬即逝，卻往往留下永久的回憶。富者雖富，卻無人肯拋棄。窮者雖窮，卻無人不能施予。它帶來家庭之樂，又是友誼的絕妙表示。它可使疲勞者解乏，又可給絕望者以勇氣。如果偶爾遇到某個人，沒有給你應得的微笑。那麼，將你的微笑慷慨地施予他吧。因為，沒有任何人比那不能施予別人微笑的人更需要它。

在接待客人的時候，服務員向客人微笑，就是向客人傳出「歡迎您光臨」的資訊；在向客人提供服務的時候，向客人微笑，就是向客人傳出「我是友善的，值得您信任的人，我一定努力為您服務」的資訊；在告別客人的時候，服務員向客人微笑，就是向客人送出美好的祝願，傳遞「歡迎再次光臨」的資訊；與客人有矛盾，責任在客人，服務員諒解的微笑是寬容、大度的表現；客人脾氣暴躁，無理取鬧，服務員冷靜的微笑成了融洽氣氛的靈丹。因此，我們要善於發揮微笑的各種作用。甜甜的微笑，不會花費你一分錢，卻能給你的公司、企業帶來意想不到的巨大利潤。

美國旅館業大王希爾頓於一九一九年把父親留給他的一萬兩千美元連同自己賺來的幾千美元投資出去，開始了他雄心勃勃的經營旅館的生涯。當他的資產奇蹟般地增值到幾千萬美元的時候，他欣喜而自豪地把這一成就告訴了母親。出乎意料的是，他的母親淡然地說：「依我看，你和以前根本沒有什麼兩樣……事實上你必須把握比五千一百萬美元更值錢的東西：除了對顧客誠實之外，還要想辦法使來希爾頓旅館的人住過了還想再來住，你要想出這樣一種簡單、容易、不花本錢而行之久遠的辦法去吸引顧客。這樣你的旅館才有前途。」

經過了長時間的迷惘和摸索，希爾頓找到了具備母親說的「簡單、容易、不花本錢而行之久遠」四個條件的東西，那就是：微笑服務。

這一經營策略使希爾頓大獲成功，他每天對服務員說的第一句話就是「你對顧客微笑了沒有？」即使是在最困難的經濟蕭條時期，他也經常提醒員工們記住：「萬萬不可把我們心裡的愁雲擺在臉上，無論旅館本身遭受的困難如何，希爾頓旅館服務員臉上的微笑永遠是屬於旅客的陽光。」就這樣，他們度過了最艱難的經濟蕭條時期，迎來了今天希爾頓旅館帝國的黃金時代。

經營旅館業如此，其他產業又何嘗不是呢？在企業競爭日益激烈的今天，企業如何在競爭中求發展，是每個企業都面臨的一個問題。只有將更多的「笑」奉獻給市場，奉獻給顧客，才能贏得更多的顧客，從而獲得更豐富的利潤。

微笑是服務人員做好工作的前提，它也是服務產業興旺發達的一種行銷藝術。微笑可以讓顧客在消費品牌的同時也帶來了身心愉悅，從而提高對品牌本身的關注。因此，用笑臉去擴大品牌影響力，是一種最有效且廉價的促銷行為。

第七節　理性面對顧客的抱怨

顧客對產品或服務的不滿和責難叫做顧客抱怨。顧客的抱怨行為是其對產品或服務的不滿意而引起的，所以抱怨行為是不滿意的具體的行為反應。顧客對服務或產品的抱怨即意味著經營者提供的產品或服務沒達到他的期望、沒滿足他的需求。這對品牌而言，是一種鞭策和鼓勵。如果一個品牌能夠正確對待這種抱怨，將會讓品牌在發展過程中少走彎路。

抱怨是顧客的專利，同時也是顧客的愛好。即使你的服務非常地到位，也難免會有顧客抱怨。其實，顧客的抱怨是件好事，它表示顧客願意跟你來往，願意跟你做生意。而你也可以借由顧客抱怨來改進你的產品或服務的品質。顧客的抱怨是企業的「治病良藥」，企業成功需要顧客的抱怨。顧客抱怨表面上不好受，實際上給企業的經營敲響了警鐘。

世界一流的銷售訓練師湯姆．霍普金斯（Tom Hopkins）說過：「顧客的抱怨是登上銷售成功的階梯。它是銷售流程中很重要的一部分，而你的回應方式也將決定銷售結果的成敗。」所以，有效地處理顧客抱怨是非常重要的。

美國有一防盜門生產公司瑞德公司 (Ravteklnc)，他們一直以來把顧客的抱怨當作一種改進服務品質的機會。這個公司在一九九六年發起了一項品質管理的計畫，該公司花了三年的時間將工作人員裁減一半，同時停產所有不賺錢的商品。在過去，很多顧客向他們抱怨產品品質不良、運送太慢、發票錯誤等。瑞德公司從被退回的產品中總結出寶貴的經驗並制定了一套系統。之後，瑞德公司得以大幅降低昂貴的退換成本。

同樣，專門製造門板及安全鐵門的韋恩達頓公司，也把顧客的抱怨當作一種改進服務品質的機會。該公司由於顧客抱怨門板在運輸過程中容易損壞，韋恩達頓公司就將包裝系統重新更換。有位顧客自己不小心把門弄壞了，卻還是提出抱怨。韋恩達頓公司明知責任不在己，但還是把顧客弄壞的門運回公司，重新研究，後來就生產出更耐用的鐵門。儘管改變包裝系統為公司增添了許多麻煩，但最棒的是，新的包裝系統替該公司節省了生產成本。減少了顧客抱怨。

企業若想瞭解應對哪些流程、哪些產品進行改變以滿足顧客，就需要資訊。而最重要的資訊通常來自顧客的抱怨。處理顧客抱怨的步驟：

1. 傾聽

不管你的顧客如何的氣勢洶洶，喋喋不休，你唯一要做的事就是閉嘴，靜靜傾聽會平息顧客的怒氣，他不好意思再給你難堪。

2. 道歉

首先為顧客造成的不便向顧客道歉。態度一定要誠懇——顧客可以清楚地辨別真偽，誠心地道歉可以使顧客消氣。同時，你個人必須為發生的問題提出解決之道並承擔責任。

3. 立即重述

重述顧客向你描述的問題，確定你完全瞭解顧客的意見。「對不起，您的意思是不是說因為您的包裹沒有準時收到？」然後告訴顧客你將盡全力即刻解決他們的抱怨。即使你無法完全解決問題，顧客也會明白你絕對是誠心想幫忙，不滿的情緒也將隨之減弱。

4. 賠償

你不僅僅要即刻處理顧客抱怨或是解決顧客的問題。例如償還費用或退換貨品。而且還必須採取進一步的做法，告訴顧客你將對他們有特殊的補償，可能是一份禮物，也可能是優惠券。把這些做法視為對顧客的超值服務而非額外的花費。

5. 務必確定顧客是滿意的

你可以在服務過程結束的同時，問顧客一兩個簡單的問題：「我們是否已解決您的抱怨了？」「有其他事情可以再為您服務嗎？」幾天後再打電話確定顧客是否仍然覺得滿意。你也可以寄信給顧客，甚至隨信附上優惠卡或禮券。多一點付出，將幫你保留住忠實的顧客。

沒有一個品牌在發展過程中是不受抱怨的，真正的大品牌能從抱怨中發現問題，並及時改正，而有些品牌則輕視抱怨，甚至認為這是顧客不可理喻的要求，它無法從顧客的抱怨中，看到品牌服務，品質等方面的問題，結果，讓品牌失去人心，最終走向衰弱。因此，正確處理抱怨，可以讓品牌變得更加強大，同時也讓品牌更具競爭力。

第八節　顧客的利益等於企業的利潤

一個企業要想獲得生存和發展，除了產品能夠滿足客戶的需求之外，同樣也要滿足客戶的利益。這些利益除了產品本身帶給客戶的之外，還有的就是一些附加的成分，例如：服務等。所以說，在現代企業管理中，只有那種經營時不讓顧客有絲毫的遺憾、不滿，不在經營時讓顧客遺憾萬分的公司，才是真正經營成功的公司，才是名利雙收的公司。

辦企業一定要誠實，對所有顧客負責，靠欺騙顧客混日子是長久不了的。做生意必須澈底實現對顧客應盡的禮儀和責任。不僅用嘴說要如何為顧客服務，而且要用實際行動踐行這項義務。

一九九四年，美國可口可樂公司總部收到一位婦女的投訴電話。這位婦女怒氣沖沖地說：「在我買的可口可樂裡發現了一支別針！如果你們不能給我一個令人信服的解釋，我將向聯邦法院起訴你們，並將這件事向媒體公布！」

天啊，可樂裡面發現了別針！可口可樂公司一時丈二金剛摸不著頭緒：可樂裡面怎麼會有別針呢？誰也說不明白。但是，可口可樂高層對此事非常重視。因為誰都知道，這樣的事若被張揚出去，經媒體炒作一番，可口可樂的信譽必然毀於一旦。可口可樂高層特別設立了一個調查組，連夜奔赴出事地點——位於科羅拉多州的一個名為布瑞英克的小鎮。

調查組根據那位婦女的介紹，找到零售可樂的小店，又順藤摸瓜地找到批發商，最後確定這瓶內有別針的可樂由位於科羅拉多州喬治城的可口可樂分廠生產。調查組帶著那位婦女對這家分廠進行了突擊檢查，結果發現這家工廠生產條件極佳，乾淨衛生，工人也極為負責，根本不可能將別針放進可樂裡。問題出在哪裡呢？查出來是不可能的了。調查組向那位婦女道歉，請她原諒，並且真誠地說：「您看，我們的生產條件極好，工作紀律非常嚴格，尤其是各位員工對顧客絕對負責，發生這樣的事肯定是個意外。遺憾的是，我們不能查出其中的緣故。但是，請您相信，我們會進一步加強管理，保證類似的事絕不會再發生。作為對您所受的驚嚇的補償，我們將賠償您一萬美元的精神損失費。同時，為了感謝您對可口可樂的信任和忠誠，我們邀請您對可口可樂總部免費參觀旅遊。如果您對我們還有什麼不滿意的地方，請您儘管說，我們一定竭力滿足。」

那位婦女見可口可樂公司如此真誠，怒意全消，最後高高興興地去可口可樂總部參觀去了。

保障消費者的利益就是保護創立的品牌，一個品牌如果無法讓消費者信任，這個品牌就會面臨危機，下面這個事例也許能讓我們看到信任對品牌的影響力。

二〇〇三年十月二十六日，中國央視曝光太倉某肉鬆加工廠用死豬肉製成肉鬆出售，在全國各地引起強烈反響。太倉肉鬆業一時烏雲壓頂，連以生產「太倉牌」聞名的百年老廠也無法倖免，銷量明顯下降，名牌「太倉」產量減七成。

太倉黑心肉鬆經曝光後，太倉市相關衛生單位對太倉市二十家肉鬆製造廠進行了檢查。為杜絕「黑心」肉鬆事件再現，太倉市有關部門決定，迅速制定一份適用於肉鬆生產企業的行為規範，從整體上提升產業高度。然而這一做法已經無濟於事。隨著當地個別手工作坊式的肉鬆廠商的陰暗內幕被曝光，「太倉肉鬆」這個早在一九一五年就獲得了巴拿馬國際博覽會金獎的中國品牌，遭受了一場前所未有的信譽危機。幸而，這個品牌以實際行動來表明自己的態度，最終，挽回了聲譽，重新獲得了消費者的認可。

在這個經濟快速發展的時代，消費者的利益就是品牌發展的第一要素，無法保障消費者利益的品牌是無法在競爭中脫穎而出的。在處理問題時，能讓消費者滿意，這種服務態度，會給消費者帶來極大的消費信心，這種信心，將為品牌發展創造有利的環境。

第九節　贏得顧客，要懂些心理學

顧客是上帝，這是一種普遍的說法，但實質上，顧客更像對手，你只有瞭解他的心理，戰勝他的抗拒心，才能讓其主動為你的產品掏腰包。要想服務好顧客，學點心理學是十分必要的。

經銷商出售產品，不符合顧客的心理需求，意味著什麼呢？意味著你在盲人摸象。成功的商人都是顧客的心理醫生，他們清楚地知道顧客需要的是什麼。

1. 求廉的心理

消費者在消費的實踐活動中，都希望用最少的付出換取最大的效用，獲得更多的使用價值。追求物美價廉是消費者最常見的消費心理。消費者在消費活動中，對商品價格的反應最為敏感，在同類以及同質的商品中，消費者總會選擇價格較低的商品。

2. 耐用的心理

這種消費心理講究消費行為的實際效果，著重於消費品對消費者的實用價值。人們需要吃、喝、穿、住等，實際上絕大部分人是將其大部分精力放在獲取這些基本必需品上。購買行為也是為了滿足這些實際的需要，消費者自然講求其實用價值。

3. 安全的心理

這裡包含兩層意義：一是獲取安全，二是避免不安全。消費者購買消費品後，要求消費品在被消費過程中，不會給消費者本人和家人的生命安全或身心健康帶來危害。人們之所以要購買社會保險、醫療保險或把錢存入銀行，是因為他們想在年邁和困難時得到安全。人們之所以要購買消防裝置和防盜門鎖，是因為害怕缺少這些東西可能會帶來惡果，為了安全，寧願在這方面投資。這種安全心理在家用電器、藥品、衛生保健用品等方面的消費選擇上表現得較為突出。

4. 方便的心理

這種消費心理的特徵是，把方便與否作為選擇消費品的第一標準，以求盡可能在消費活動中最大限度地節省時間。在這種心理狀態下，人們追求購買各種能給家庭生活和工作環境帶來方便的東西。洗衣機、吸塵器、自動洗碗機、飲料、半成品食物等，就滿足了人們這種消費心理。此外，在方便的心理中，還包括要求商品有比較完善的售後服務。

5. 求新的心理

追求和使用新產品是消費者帶有普遍性的一種心理。在我們的生活消費中，某些新穎、先進的日用品，即使價格高一些，使用價值並不太大，人們也願意購買。而陳舊、落後的消費品，即使價格低廉，也會無人問津。這種求新的欲望，年輕人比老年人更強烈。

6. 求美的心理

愛美之心，人皆有之。美的東西一旦撞擊到我們的神經和情感，就會使我們產生強烈的滿足和快樂。美對人類來說，是一種精神上的享受。隨著人們審美趣味的不斷提高，對產品的求美心理越來越明顯和強烈。

7. 自尊和表現自我的心理

人人都有自尊心，消費者也不例外。特別是生存性消費需要得到滿足後，消費者更期望自己的消費能得到社會的承認和其他消費者的尊重。不論怎樣，我們都有這種心理，喜歡聽好話，受人恭維，從而覺得自己有成就，並經由某種消費形式予以表現。

8. 追求「名牌」和仿效的心理

消費者對名牌產品有著強烈的追求欲望和信任感。他們總是認為買到名牌消費品才能保證使用期，提高消費效果。年輕的消費者更崇尚時髦，進而相互模仿。

9. 獵奇的心理

這種心理的表現形式與眾不同，奇特至上。這在青少年中表現得比較突出。其心理因素主要有兩點：一是認為奇特本身就是一種美，二是為了引起他人的注意。

10. 獲取的心理

不隱晦地說，絕大部分人都有一種占有欲。人擁有了財產才算是踏上了尋求人身安全的康莊大道。精明的推銷員利用這種心理的做法，一般是經由產品的試用推銷產品。比如，一個買主已經試用了一臺電腦或電子打字機一個多月，他就很難再捨得讓人搬走了。他的占有欲會變得十分強烈，最後堅決要求把東西留下。

靈活掌握這十種心理，可以更有效地為消費者進行服務。其實，服務是一種心理遊戲，瞭解方式方法，才能對症下藥，針對顧客的服務也才會做得更加到位和深入人心。

第五章　管理是創造無形價值的手

每個人的一生都處在管理當中，管理時間，管理人生，這些都是我們在人生的發展階段必須做的，管理時刻在我們身邊，只是很容易被忽略罷了。

現代管理從自身走向了品牌，一個品牌的發展離不開有效的管理，它是品牌昂首向前的推手，沒有它，品牌的發展上挫折和坎坷將會被無限放大，品牌也會因此而喪失許多發展的良機。

若將品牌的發展視為一隻前進的帆船，那麼管理就是能夠讓品牌前行的流水，沒有水，船就會變成裝飾品，停在岸邊，隨著時間的流逝而漸漸退出屬於它的舞臺。這就是管理對於品牌的意義。

第一節　建立親密的客戶關係

客戶關係是管理當中很重要的內容，關係著品牌的生死存亡，建立親密的客戶關係是品牌成長的第一步，也是品牌打開市場的一把萬能鑰匙。

西門子在開拓中國家電市場的行銷策略中，運用了多種行銷策略。比如，針對目標消費者的特徵和產品的風格精心設計出富有特色的宣傳品和經由適當的媒體向大眾介紹西門子家電。

除了上面提到的兩種傳統策略，西門子還充分利用口碑這種古老的廣告方法，策劃出了一系列的富有創意的、便於實施的、低費用的行銷專案。

西門子家電公司在保證產品優質的同時，斥鉅資在管理部門安裝了目前中國家電產業最先進的服務於銷售、物流、財務和控制的管理系統。這一系統大大加快了公司的工作效率，也使得顧客的購買更加便利和快捷。

在溝通方面，西門子除了聘請一流的廣告代理協助其制定針對新產品上市的必要的適量的媒體投入外，行銷策劃人員的主要工作是把目標盯在廣大消費者身上，利用職權口碑行銷，制定更加節省和高效的行銷策略。

對於家電市場中消費者最關心的售後服務問題，西門子家電的行銷人員經由對家電用戶心態的調查，提出了一個更完善的服務理念。

西門子的銷售人員向顧客坦言：您不應當在產品出現問題時，才會享受到售後服務，我們的服務永遠想著您。

為了給廣大的用戶提供全方位的完善的服務，也為了給集團的口碑行銷提供良好的硬體基礎，西門子自進入中國市場以來，就沒有走一般的特約維修點的服務體系路線，而是大力地創建屬於自己的完整售後服務網路，涵蓋整個中國，目前已經建立了包含八個售後服務中心、十五個售後服務維修點以及面向全國的售後服務網路。

西門子的售後服務人員在全國範圍內召開用戶座談會，並隨機抽出一定的用戶組成西門子「用戶俱樂部」，不定期地參加與西門子的企業文化交流和其他產品的培訓及公關活動。這些俱樂部成員還有可能成為西門子的家電特約行銷顧問。

另外，西門子還經常辦理使用者聯誼會，就產品使用意見等進行交流。同時公司的產品部門經常從使用者那裡收集資訊，為下一步的開發計畫提供依據，經由不斷地加快產品設計更新、加強品質檢測等手段消除產品售後故障隱患。

從對現有的顧客的服務著手，各個銷售辦事處針對各自的區域特點創造出不少別出心裁的愛心奉獻小活動，而從中受益的顧客都會對這些活動給予好評和傳播。一些大城市的銷售辦事處會定期給顧客寄去一張卡片或信件，請他們注意一些簡單的事項或護埋工作。上述的種種措施，使得消費者對西門子家電的忠誠度大大提高。

而當西門子的滾筒洗衣機、電子溫控冰箱進入越來越多的城市時，所有西門子的銷售人員都體會到了這種高效低成本的口頭宣傳的推薦為他們帶來的好處。

一些銷售區域經理不無感觸地說，「告訴西門子的使用者，你想要做什麼，顧客一般都會十分合作的，在實際操作中，給那些對使用產品感覺不錯的顧客一些鼓勵，他們就會非常樂意再向周圍的朋友推薦我們的產品，當然廠商首先要做到使顧客在購買產品後獲得了更高的價值，並且這些產品以及服務都超過了他們的預期。」

富有人情味的促銷形式往往能贏得更多的用戶和潛在的消費者的好感。利用儲蓄的、間接的途徑來推銷自己的產品和服務的手段，賦予古老的行銷概念以新的活力。

它不僅提醒顧客接受一次新的服務，而且會引起其他人的注意和詢問。而那些接受建議的顧客又會熱心地將它們轉告給自己的朋友，這樣即使你沒有做什麼廣告，也會在自己的銷售點發現越來越多的顧客慕名而來。最終，西門子家電在短短兩年多的時間成為中國洗衣機市場的一匹黑馬。

西門子以團隊形式的協力合作來解決客戶所遇到的問題。客戶與他們所信任的銷售員建立了很好的關係，因此他們往往會不太喜歡一個陌生人來給自己提供服務。這是一個專業型公司的難題，比如在一些律師事務所，一些合夥人往往由於猜疑而極力固守著自己的專業經驗和客戶資源。這對公司、他們的客戶以及他們自己的長遠利益來說都是不利的。因為他們不願放權，結果使自己疲於奔命加深私人關係。

如果忽視了與客戶之間曾經建立起來的信任關係和良好的發展趨勢，那肯定會帶來一定的危險性。這種情況一旦發生，結果將會變本加厲，可能一天早晨醒來，你發現一個競爭對手挖走了你的客戶。

客戶是品牌的生命之源，是品牌持續發展的力量所在，沒有客戶，也就沒有品牌。因此，在管理當中，注重建立親密的客戶關係，將會對品牌的發展發揮不可替代的推動作用。

第二節　以人為本的人性化管理

在當今社會，企業的競爭就是人才的競爭。只有本著「以人為本」的思想，加強人性化的管理，才能調動員工的工作積極性。管理是一門高深的學問，尤其是以人為本的管理更要把握好分寸。

中國房地產業的巨人萬科之所以能夠取得巨大的成就，和它擁有年輕的人才團隊是分不開的。以人為本的人性化管理就成為萬科不斷發展的動力。

萬科的用人理念是：人才是萬科的資本。在萬科的招聘廣告中，曾經有過這樣的話：尊重人。為優秀的人才創造一個和諧、富有激情的環境，是萬科成功的首要因素。在這樣的理念下，萬科的人事政策立足於尊重人的基礎，努力為員工提供公平的競爭環境，尊重員工的選擇權和隱私權，避免裙帶關係。

對於新員工，萬科會在充分瞭解員工的個性、能力和潛力的基礎上，尊重員工的意願去安排相應的工作。這樣的管理方式為員工提供了長遠發展的動力。由此可見，要做到人性化管理，就要尊重和重視員工，把人看做是企業最寶貴的財富。在企業的經營活動中，關心員工的實際需要，而不是單純地把企業的規章制度看做是最高準則。在這個多變的市場環境下，員工在工作中會遇到很多不確定因素的影響，許多環節都需要有一定的彈性，否則難以適應環境的需要。而一個企業如果只關心制度，不關心員工的工作，制度就會變成綁死人的制度，企業也無法取得好的發展。

法國企業界流傳著這樣一句話：愛你的員工吧，他會百倍地愛你的企業。很多企業都注重在自己的企業裡建立家庭氛圍，取得了良好的效果。日本著名企業家松下幸之助先生就曾經在自己的企業裡宣導「替員工端上一杯茶」的精神，這種舉動是對員工的工作表示感謝。他說：即使是公司的職員眾多，無法向每個人表示謝意，但只要心存感激，就算不說，行動也自然會流露出來，傳達到員工心裡。正是這樣的管理方式，使得松下的員工齊心協力地為企業發展而服務著。

人不是機器，人是有感情的。所以，企業應該時時想著為員工分憂解難。這樣的員工也定會與企業憂患與共、共同奮進。

韓國十大財閥之一、鞋業大王梁正模就成功地做到了與員工憂樂與共，使得大家願意與他同生共死。這就是得人心者得天下的道理，人心的獲得靠的是與別人同憂苦、共患難。

梁正模開辦了自己的企業後，對員工關心備至。當他和工人接觸時，總是問他們在工作中和生活上有什麼具體困難。在獲悉困難後，他總是想辦法替他們解決。他的工廠裡有一位技師朴明鎮，技術高超，是梁正模多花了幾倍的薪水請來的，由於朝鮮半島的南北分裂狀況，他與家人被迫分離。對親人的思念，使他非常痛苦，面對這種狀況，又無能為力，只有每天以酒解憂。

梁正模知道這件事後，每天陪著他一起喝酒，到半夜才回家。這樣的以人之憂為己之憂的做法，深深打動了這位技師，他晚上不再去喝酒了，而是把全部的身心都放在技術創新和技術改造上，使公司的產品在品質和數量上都大大提高，在競爭中處於有利的領先地位。

梁正模的成功，在很大程度上是人性化管理的成功。與此相反，一些企業在發展過程中總是「一切向錢看」，忽視了「人」這個企業的根本，最終要分崩離析，津留晃一的教訓我們應當引以為戒。

津留晃一，在日本創立津留軟體公司，一九八二年創立明星網電腦服務公司，曾被輿論界譽為高新技術的希望之星。然而，一九九二年十月五日，明星網公司因兩次拒兌匯票，而徹底破產。一年前這家公司還風光無限，三百多人的高技術企業，銷售額四十四億日元，而一年後卻負債五十億日元！

破產的直接原因是陷入不動產泥潭不能自拔。津留晃一後來自己總結說，投資不動產只是破產的導火線，其失敗的最大原因在於忽視了人，把員工當做賺錢的機器，企業失去了凝聚力，沒有成為命運共同體。

「人心散，事業完，」津留晃一曾經這樣對員工們講，「辦公司就是為了賺錢。大家好好幹，早日當大財主吧。」他始終認為，如果賺不到錢，工作還有什麼意義。在他的影響下，公司裡多年來籠罩著「一切向錢看」的氣氛。員工們缺乏一種敬業精神、獻身精神，一有風吹草動，他們就要「炒老闆」，有一次一下子突然走了八十多人，幾乎相當於當時公司員工的一半！這樣的公司能持久嗎？

津留晃一失敗的最大原因在於忽視了「人」這個企業的根本，因此企業的發展要本著「以人為本」的思想，才能立足，才能發展壯大。

人性化管理是品牌生存和發展的土壤，讓員工歸心，才能形成凝聚力，從而打造出能夠在市場有競爭力的品牌，只有企業強大了，品牌才會跟著水漲船高。這就是企業和品牌間的連帶效應。

第三節　嚴明的紀律，嚴格的管理

《孫子兵法》曾提到的「賞罰孰明」，就是說除了提倡「賞」，還強調「罰」的重要性。作為企業也同樣如此，無論大小都得借助嚴明的紀律來約束員工，使員工結成一股繩，而不是一盤散沙。

海爾集團由一家瀕臨破產的街道小廠成為進軍世界五百強的著名企業，其擺脫困境、走向成功的原因之一，就是變人員的鬆散管理為嚴格管理。海爾的嚴格管理在業界是出了名的，以下幾點足以說明：

1. 海爾的每一塊玻璃擦洗維護都有各自的負責人——一位清潔人，一位監督人。每條道路、每塊花壇草坪旁都掛著「負責人 ××，檢查人 ××」，並注明日期的牌子。這種現象到了工廠就更普遍了，電梯、窗玻璃、消防器材、每臺設備都張貼或懸掛著同樣的紙牌。海爾集團諮詢認證中心的研究人員告訴記者，OEC 管理中的一個重要內容就是事事、物物都有人管，並有人監督檢查其管的效果，以保證整個每一環節的運行不出偏差疏漏。
2. 海爾員工在廠區行走時必須遵守靠右行、三人以上成縱隊行走的交通規則。
3. 每一個員工在離開自己的座位時，必須將座椅推進桌子，否則將被罰款。
4. 專車司機在接送員工上下班時不得遲到一分鐘，否則員工為此而付出的交通費用將全部由責任司機承擔。

5. 員工的工作區分為綠、黃、紅三個等級，貼綠標籤的工作區說明運轉正常，貼黃標籤的工作區說明有偏差，貼紅標籤的工作區說明不合格。不合格的員工必須限期改正，否則將被調離此工作區。
6. 部門經理經嚴格考核後分為優秀經理、合格經理、不合格經理三類，開大會時三類經理分別就座。
7. 下道工序是上道工序的「用戶」，上道工序是下道工序的「市場」，下道工序如果發現上道工序的品質問題，其薪資就由上道工序的人出。如果下道工序沒有發現上道工序的品質問題，而再下道工序發現接手的工作有品質問題，再下道工序的薪資則由未發現品質問題的工序出。
8. 科技人員實行科技承包薪資制，行銷人員實行年薪制和提成薪資制，生產人員實行計件薪資制，輔助人員實行鐘點薪資制。每種薪資制的執行部輔以嚴格的考績制度。
9. 在用人制度方面分優秀員工、合格員工、試用員工三類，實行「三工」存、動態轉換。
10. 中層幹部實行分類考核，競爭上工。與之配套的是打破任職的「鐵交椅」變「相馬」為「賽馬」，公司制定了十五種「賽馬」規則，嚴格執行。

從以上可以看出，海爾的成功是與嚴格的紀律分不開的。在企業管理中，企業不可能單純靠道德思想教育來管理員工，只有依靠紀律，才能夠調動人的主動性和積極性。在團隊中恪守紀律是管理者賴以執行職務的要素，它代表著對工作的態度，對角色職務的尊重以及對團隊的承諾。我們知道管理工作本身是極為複雜的過程，面對不同且快速變化的人與事，若是不能維持紀律的精神就容易迷失方向，影響團隊目標的達成。許多管理者之所以會身陷經營困境，其主要原因就是個人及團隊皆失去紀律的精神，處理事務無法持之以恆。

紀律是團隊中促使創新變革發揮效益的關鍵。團隊要保有持續成長的動力，就必須持續進行創新與改善，要想在企業經營中持續改善，紀律是不可或缺的。對管理者而言，紀律除了有他律的部分外，更重要的部分是自律。紀律從某種意義上講就是實踐自己的價值觀，它是個人智慧、技能與修養的具體表現。紀律的目的不在限制他人而是自我的要求，其表現不只影響自己的角色定位，也牽動著與團隊成員的關係。同時，紀律的擴散性及影響力也能由管理者個人擴散至團隊全體，達到上行下效的效果。

紀律，是生活的保證，是敬業的基礎。沒有規矩不成方圓，沒有紀律散沙一盤。要強調的是，紀律不僅可以避免犯錯，也是成功的基礎，要成為優秀的管理者絕對不要輕視紀律的力量。一個團結協作、富有戰鬥力和進取心的團隊，必定是一個有紀律的團隊，同樣，一個積極主動的員工，將會為品牌的發展做出更加突出的貢獻。因此，對企業而言，沒有紀律，也就不會有好的品牌，記住這一點，將會更有利於品牌的發展。

第四節　成本領先是一種競爭力

沃爾瑪創始人山姆‧沃爾頓曾說：「規模不等於效益，規模與效益不是互為因果，而是互為條件，供應鏈制勝的關鍵是，永遠都要比對手更好地控制成本。」

在競爭日益激烈的條件下，處於產業主導地位的公司保持優勢的主要策略之一是成本領先。成本領先，主要指利用公司在各自領域的產業經驗、規模優勢及提供同樣服務品質的基礎上，用較低的成本取得競爭優勢。

日本的產品之所以能夠成功地打入歐美市場，與它在成本和價格上的競爭優勢有直接的關係。而中國的各類產品之所以能大量地湧進美國市場，也主要是依賴於低廉的價格。

現代企業中銷售和利潤的成長很重要，但是同時不能缺乏成本意識。產品要花費多少成本，成本率是上升還是下降等，必須經常裝在大腦裡。

當代市場經濟中，競爭對手擁擠，顧客爭奪戰激烈，如果不是十分有特色的商品，爭奪往往會經由價格來進行。另外，獨特的商品一經銷售，即使當初買氣高漲，但不久類似商品登場，結果還是靠價格決定勝負。無論如何，現在的企業競爭以成本決勝負已變得非常濃厚，從這個意義上來說，成本感覺是經營者最為重要的經營感覺，毫不誇張。經營的基本原則是以最小的犧牲獲得最大的成果，換言之，即以較少的成本獲得較大的利潤。企業降低成本的目的是為了擴大利潤幅度，同時也是為了提高銷售。經由降低成本來降低價格，由此把顧客吸引進本公司，即為了提高銷售額而努力降低成本，讓自己的成本一路領先才最為重要。那麼，我們如何才能讓公司成本領先呢？需要從以下幾個方面來做：

1. 從產品成本形成的一般過程和特點來看成本領先取決於三個基本的環節：

(1) 否穩定地獲得相對低廉的資源供給。在相同的工藝技術裝備和生產規模的條件下，不同的資源供給價格對公司的營利水準會產生直接的影響，特別是在原材料成本占產品單位成本比重很高的產業中，如熱力發電、石油化工、造紙等，其影響更為明顯。

(2) 能否相對低廉地生產出品質穩定的產品。這與公司的工藝技術、裝備水準、生產組織方式和生產的經濟規模有著直接的關係，這一點在汽車製造業方面表現得尤為突出。

(3) 能否相對低廉地儲運或向不同的區域市場分配產品。這取決於運輸方式、運載能力、公司行銷網路的分析，以及倉儲技術，等等。

顯然，這三個環節都會同時或單獨地對公司產品成本的構成水準產生直接的影響。而這三者之間又存在著相互補償的關係，即當其中一個或兩個環節的成本上升或因條件限制而難以降低成本時，改進和降低另一環節的成本構成和成本水準，仍有很大的可能使公司保持「成本領先」的地位。因此，「成本領先」不僅要與尋求差異原則相結合，而且也要與集中重點原則相一致，即抓住影響公司產品成本水準最重要的因素和薄弱環節，形成領先於競爭對手的成本優勢。

2. 在成本的策略管理方面應做好以下幾個方面的工作：

(1) 舉債量力而行，控制財務費用。具體要做到：保持適當的負債比例；根據資本實力和由此決定的負債能力，選擇規模適當的投資專案，防止投資過程中的過度負債。

(2) 按現代行銷觀念系統辦理行銷，控制銷售費用水準。

(3) 建立合理、高效的管理組織結構，控制管理費用水準。

(4) 為適應專業化經營及管理的需要，研究並完善專業化核算辦法。

(5) 成本管理不但是財務部門的事，而且是公司所有部門的共同責任。各業務部門在事中的成本控制將決定成本的大小，財務部門側重的是成本的事前控制（成本預算）和事後控制（成本核算）。

(6) 成本控制不但是管理者和領導者的責任，而且是全體員工的共同責任。公司的成本控制掌握在公司各個經營環節和員工的手中，如果成本管理沒有全員意識，沒有使成本控制成為每個人的自覺行為，那麼成本是很難得到控制的。只有成本管理的概念要深入人心，才能從真正意義上控制成本。

一個品牌並不是靠錢就能砸出來的，成本管理同樣也要運用於品牌當中，一個價廉的品牌更易受到消費者的青睞。

第五節　責任是品牌發展的一張王牌

責任與利潤是品牌的兩個方面，作為一個優秀的，深入人心的品牌，責任從品牌誕生之日起便如影隨形。權利與義務永遠是對等的，有多大的權利必然也要盡同等的義務。品牌的生存之道也在於此，沒有責任感的品牌是缺乏動力的，可能一時會被消費者接受，但卻無法長久。

現代管理學大師彼得·費迪南·杜拉克（Peter Ferdinand Drucker）認為，企業存在於社會的目的是為客戶提供產品和服務，而不是利潤的最大化。企業的第一任務是承擔社會責任，其次才是營利。誰違反了這個原則，誰就可能被市場淘汰。企業是品牌的根源，企業無法運行，品牌的生存自然無從談起。

下面是日本著名企業家、松下電器創始人松下幸之助的一段自述：「一般而言，為人處世是非常困難的事情。到底要朝著什麼目標前進呢？我自己也經常在思索這些問題。因為我比各位年長，而且經過了多年的人生歷練，所以我想將這些經驗，誠心誠意地提供給各位參考。

「希望各位不要財迷心竅，要堂堂正正地做人。這不只是奉勸你的話，我還經常以此訓誡著自己。「不管別人如何，你本人千萬不可被利欲所困，絕不可財迷心竅。」你必定要反問我，你不是為了賺錢而生存嗎？那是個錯誤的觀念，我是在自然情況之下賺取金錢。因為，即使你想賺錢，也並不是那麼容易的。

「小偷是最喜歡錢的人了，可是，並不能肯定地說小偷便不會賺錢。然而，最划不來的也是小偷，因為連最出名的小偷也逃不脫法律的制裁，最後遺失自己命運。金錢是與勞力自然結合而成的。換句話說，即你必須盡忠職守，拼命地工作。千萬不能以賺錢為出發點來從事任何工作。

「當我開始工作時，常想：「假如完成這項產品，將會帶給人們多大的快樂，還有這項產品會帶給家庭方便，因此婦女們便有多餘的時間做她們想做的事。」我常因這種念頭而拼命工作。今天日本的婦女跟往昔相較之下，有更充分的休閒以及閱讀的時間，這即是松下電器公司不斷地推出家庭電器用品，並且能令這些用品普及的原因。當初我從事工作時，根本沒有想到要成為一個大資本家，我只是每天拼命地工作，終於在今天有了成就。我從事這項工作，起初是為了生計而已。我的家境貧窮，為了生計，非靠自己工作不可。可是，我的身體非常虛弱，無法勝任夥計的工作，即使靠著日薪也不夠吃藥的錢，因此，我便在家中從事工作，求得溫飽。雖然這只是一小小的希望，卻是相當重要的決定。這即是我開始創業的第一個理由。

「當我自己經營事業時，才深刻地體會出童年時期當學徒所得到的一些教訓，那就是顧客至上。換句話說，必須以誠待人，不賺取暴利，但也絕不做虧本的生意。

「累積適當的利潤，不斷地擴大事業，最後發展成今日的松下電器公司，今天，雖然有很多人認為我已是成功的經營者，可是，當初我從來也沒有想到成為富翁或是大企業家。

「起初，我只想到要如何才能生存下去，即在如何才能糊口求溫飽的先決條件之下同時從事工作。你必定也會認為一個身體如此虛弱的人，怎麼可能心懷這種志向？開始做生意時，我只抱著不欠缺今天的衣食便感到非常感激，或是即使休息一兩天，生活也不會陷入困境的念頭。我只是踏出了非常平凡的第一步而已。第二步亦是非常平凡誠實的步伐。假如你是一位低薪生活者，當你踏出了第一步，就必須盡忠職守，拼命地工作。當我一步步向前邁進，而在跨入第三、第四、第五步的同時，四周已經聚集了一小群人，下面便是我拓展事業的方法。

「為大眾的將來著想是我的責任，我的事業便是為了這些人而創立的，我認為所謂事業，便是所有參與該項工作的共同產物。為社會和國家著想，必須讓員工過著更美好的生活，並且製造出有利於社會和國家的產品，我所經營的事業非常微小，但卻是公眾的產物。就法律而言，它是我個人的企業，但是本質上卻是屬於社會大眾的。到目前為止，我一直是個勤勉工作的商人，身負為社會和國家效力的使命感，孜孜不倦地經營事業，因此才能實現這種精神上的改變。我本人對這種改變也感到非常詫異，所以才會產生所謂的「自來水哲學」。某年的仲夏，我在天王寺一帶的街道上漫步，這時一位拉車夫將車子停在某家庭院的水管前，然後扭開水龍頭，「咕嚕，咕嚕」，津津有味地喝自來水，讓人詫異的是，附近的人對他的舉動，卻不加以指責。因為沒有經過他人的允許，私自飲用，很明顯地是在偷水喝。為什麼他可以不付錢呢？

「有時候即使盜取了有價值的東西，也不會遭到斥責。空氣便是一個很好的例子，雖然它很貴重，但是卻取之不盡，用之不竭。所以連缺水的大雜院裡的人也能懷著這麼寬大的胸襟。

「假若世上的必需都能像自來水一樣的充沛，那麼我們便不會過著貧苦日子了。因此我的使命，便是源源不斷地製造出有價值的電器產品。雖然事實與理想有一段差距，可是，我會配合社會的要求，不斷地推出各種有益於社會的產品。依循這種觀念，使我得到了勇氣與正義感，並且產生恪盡職守的決心和希望。

「企業經營事業的前提是為了他人幸福，社會的進步，國家的發展，這種強烈的社會責任感，也是松下電器風靡天下必不可少的成功因素。」

這段自述看出了企業的責任感對企業發展的重要性。有責任感的企業才能長久地生存下去，至少那些總喜歡偷稅漏稅的企業就是缺乏社會責任感的，這一點是毋庸置疑的。

要知道，在這個世界上沒有不透風的牆，一旦事件爆發出來，將會變得一發而不可收。企業多年打造的品牌也會隨之受到質疑。最近，有多家企業因品質問題而引起人們的質疑，這些品牌在人們心中地位一降再降，表面上問題出在產品品質上，其實，深究起來卻是缺乏社會責任感的一種表現。

社會是企業賴以生存、發展的土壤，企業只有心懷社會、勇擔責任，才能促進社會環境的改善，從而為自身的發展贏得更多機會；相反，如果企業缺乏大局意識，推卸社會責任，那無異於自斷手足，甚至是自掘墳墓。三鹿集團的覆滅就充分說明了這一點。

三鹿集團是河北一家有著五十多年悠久歷史的乳品企業，它所生產的嬰幼兒奶粉價格相對低廉，是廣大處於中低層經濟水準家庭的育嬰首選產品。長期以來，三鹿集團不僅擁有穩定的消費市場，而且多次獲得政府嘉獎，深受消費者好評。

就在二〇〇八年一月，三鹿集團開發的「新一代嬰幼兒配方奶粉的研究及其配套技術的創新與集成專案」還獲得代表中國科技發展水準最高獎項——國家科技進步獎，登上了中國最高科技的領獎臺。可就是這麼一家頂著無數光環的老牌企業，最終卻因為缺乏社會責任感，從高高的領獎臺上摔了下來，再也沒能爬起來。

三鹿集團為了節約成本、牟取暴利，選擇了添加大量廉價「大豆蛋白粉」的奶源，而這些所謂的「大豆蛋白粉」實為偽造蛋白質的化學原料三聚氰胺。三聚氰胺是一種化工原料，廣泛運用於木材、塑膠、塗料、造紙、紡織、皮革、電氣、醫藥等產業，由於含有更多的氮原子，常常被用來偽造高蛋白產品。實驗表明，三聚氰胺主要影響人體泌尿系統，可能導致泌尿系統結石，很多嬰兒就是食用了含有三聚氰胺的奶粉而得了結石。據新華網報導，三鹿集團從二〇〇八年三月份開始就陸續接到一些患有泌尿系統結石病的投訴，卻未能引起高度重視，及時彌補自己缺失的社會責任，而只是敷衍一下、草草了事，直至同年九月份被大規模曝光。

二〇〇八年九月十一日上午，中國甘肅省衛生廳揭露該省內五十九名嬰兒腎功能不全，一人死亡的情況，是因吃了同個牌子的奶粉。同時，在湖南、湖北、山東、陝西、安徽、江西、江蘇、河南等省都發現多個相似病例。十一日晚間，中國衛生部稱，近期甘肅等地報告多例嬰幼兒泌尿系統結石病例，調查發現患者嬰兒多有食用三鹿牌嬰幼兒配方奶粉的歷史，並懷疑石家莊三鹿集團股份有限公司生產的三鹿牌嬰幼兒配方奶粉受到三聚氰胺污染。

事件爆發以後，三鹿集團不但沒有意識到自身錯誤，反而把責任推給所謂的「不法分子」——奶農。此外，三鹿集團上下聯手，試圖從政府部門入手，又用三百萬元「擺平」搜尋平臺百度，要求百度幫助其隱瞞真相、平息事端。這些消息都激起了人們更大的憤怒與更多的譴責，三鹿集團也在這種不負責任的姿態中逐漸走向了滅亡。

北京大學光華管理學院院長張維迎先生說：「利潤就是責

任，利潤來自責任，一個企業承擔責任的能力決定其獲得利潤的能力。」

責任是企業的生存之本，是企業至高無上的生存法則。作為社會基本成員的企業或個人，都應該做好應對各種社會危機的心理準備。有責任感的企業才能打造出有責任感的品牌，而品牌的責任感也是品牌的重要賣點之一，有責任感的品牌，更易獲得消費者的信任，品牌之路也將因此而越走越遠。

第六節　消費心理是品牌生產的指南

《孫子兵法》在論述君王干預軍隊的指揮時指出：「不知三軍之事，而同三軍之政，則軍士惑矣。不知三軍之權，而同三軍之任，則軍士疑矣。三軍既惑且疑，則諸侯之難至矣，是謂亂軍引勝。」這種危害應引以為戒。同樣，一個企業的生產決策也應該與大眾的消費心理相對應，只有最大限度地滿足顧客的消費心理，企業產品才有競爭力，這是企業不能不掌握的管理技巧。

顧客是上帝，這句話通常只是用在產品的銷售服務上，但福特汽車總裁艾科卡（Lido Anthony Iacocc）不但能把它運用到產品的銷售上，而且還能夠把它運用到產品的研究開發上。他以自己的成功證明了一個觀點：顧客的消費心理是企業生產的唯一指南。

艾科卡是一個義大利移民的後代，精明、勤勞、樂觀，大學畢業後，又拿到了碩士學位。一九四六年八月，他來到福特汽車公司，從事推銷工作。他所擅長的就是從顧客的消費心理中找到企業相應的服務方案。果然在推銷中，艾科卡絞盡腦汁，大膽提出「花五十美元買福特牌一九五六年新車」的計畫。具體辦法是任何購買一九五六年福特牌新車的顧客，只要第一次付現金百分之二十，接著以後每月再付五十六美元，就可以開走新車。結果，福特汽車銷售量猶如火箭騰空，不到三個月，他所負責地區的福特汽車銷售量從全國最後一名升到全國第一名。

一九六〇年十一月，艾科卡被提升為福特汽車公司的副總經理。升職與接近夢想使他情緒高漲，早晨迫不及待地去上班，晚上遲遲不願離開辦公室，和同行們不斷琢磨新點子，不斷試驗各種汽車模型。

艾科卡在深入研究消費心理後提出：「我們不能生產那些不能吸引年輕顧客的汽車，要吸引年輕人，汽車必須具有樣式新穎、性能出色、價格便宜的特點。」他終於研發出「Mustang」新型汽車，出產的第一年就賣出四十萬輛，頭兩年的利潤達十七億美元。

一九七〇年十二月，艾科卡得到了福特汽車公司總經理的職位，實現了他多年夢想。在任職期間，他殫精竭慮，為公司效力，但由於一九七三年他堅持設計「Fiesta」小型車，引起了固守經營管理體制觀念的福特二世的反對。兩人矛盾愈來愈深。一九七八年七月十三日，他終於被公司解雇，並規定他如果不到其他企業供職，公司每年為其提供一百萬美元的薪俸，這樣，艾科卡不得不結束他在福特公司任職的生涯。

一九八〇年一月一日，在經濟危機中走投無路的克萊斯勒公司（FCA US LLC）請艾科卡出山。他放棄了福特公司的高薪奉祿，接任了克萊斯勒公司的董事長和業務主管，他大刀闊斧地改革，使克萊斯勒公司起死回生。艾柯卡又成了美國人談論的傳奇式人物。一九八三年的全美民意測驗中，艾科卡是「左右美國工業部門的第一號人物」。一九八四年，由《華爾街日報》進行的「最令人尊敬的經理」調查中，艾科卡居第一位。事實上，正因為在艾科卡的心目中，顧客是第一位的，所以在人們的眼中，艾科卡才成為企業家中的第一位。

毫無疑問，在今後發達的商品社會，銷售將是企業經營管理中最重要的一環。為了成為優秀的銷售者，當時在福特公司做汽車銷售經理的艾科卡很快發現要成為一名出色的銷售人員並不像看上去那麼容易。每天，他都要在賓夕凡尼亞州賈斯特市的辦公室打電話給各個地區汽車銷售商。不過，更多的時候是他們打給他。不接電話的時候，他就練習自己的銷售技巧和口才。

第二次世界大戰結束後幾年的時間內，汽車市場非常踴躍。從軍隊退役的男女士兵們都需要用汽車來尋找工作。戰爭中汽車產量曾一度削減，但是現在新品牌的汽車以驚人的速度從流水線上產出。同時，二手車換新款車的業務也很興隆。

此時的艾科卡對汽車業務中出現的一些問題感到擔憂。個人售車商經常盲目提高新款車的價格，置製造商的出廠價格於不顧。舊汽車折價貼換業務的價格也飆升得厲害。尚不成熟的消費者在急於購車的欲望驅使下，常常被狡猾的車商欺騙。艾科卡努力經由自己的方式勸說車商誠實經營。他宣稱：「只要用戶滿意，他們會成為回頭客的。」

艾柯卡以永恆的微笑和口才迅速贏得了朋友。人們喜歡他，他也喜歡他們。到一九四九年，他已經成為賓夕凡尼亞州威爾克斯巴爾的區域經理。他的工作就是高效率地與該地區的十八家福特車商打交道。

由於艾柯卡知道自己在銷售方面還有許多東西要學習，所以他一直在尋求別人的指點。威爾克斯巴爾的福特車銷售商理穆瑞．凱斯特就是一個給他提供了有價值建議的人。

凱斯特建議道：「如果某人買了一輛新車，你就先等上十天，然後給他打電話，問他的朋友是否喜歡這輛車。」艾科卡細心地聽著。凱斯特指出，如果你詢問用戶是否喜歡新車，他可能會有一大堆抱怨的話等著你。但是如果問他他的朋友們是否喜歡他買的新車，他就有可能對自己的車大加讚賞。有時，他甚至會把他那些最喜歡這輛車的朋友的名字和電話號碼提供給你！

福特地區經理查理．貝琪漢姆是另一個給過艾科卡極大幫助的人。此人在講故事和結交朋友方面都有過人之處。他建議道：

「要勇於承認失誤和紕漏，隨後，就要吸取教訓，記住不要再出同樣的問題。而且，你打算把什麼東西賣給別人時，不要說得太多，也要讓對方有說話的機會，這樣他們就會在無形中幫你賣出汽車。『酒香不怕巷子深』就是這個道理，貨好不招人自來嘛！」這些建議使艾科卡獲益匪淺。

管理包含諸多方面，其中，消費心理就是管理的一個重要側重點。只有瞭解消費心理，才能更好地推廣品牌，這是一個良性的互動過程。

第七節　保密，築起反商業間諜的防火牆

孫子曰：「兵者，詭道也。故能而示之不能，用而示之不用，近而示之遠，遠而示之近。利而誘之，亂而取之」商業界的保密工作，在企業能否獲得成功這一點上常常發揮著決定性作用。大多數企業，都基於軍隊的保密體系來擬定保密計畫。自從有了戰爭以來，司令官有關於軍隊的部署、補給及其他輜重的計畫，要是讓敵人察知，哪怕只是些許，戰鬥也必將敗北，這已成了軍中的常識。

設在美國加州奧克赫斯特的新銳公司正門停著一輛大型豪華轎車，四個人從車上下來。這四位衣著整潔，都穿著三件套的素雅西裝。他們自稱是從 IBM（國際商業機器公司）總公司來的，想要會見新銳公司的負責人。

新銳公司的總經理把他們請到辦公室來。那四位之中有一人說明了他們的來意：他們是偶爾路過這一帶，想參觀該公司的工廠。

總經理咧嘴笑著，因為他一看就覺得這四個穿著三件套西裝的人，根本不是到附近的約塞密提遊覽而順道來訪的。儘管如此，他還是對想要參觀的這一行人表示歡迎，帶他們到工廠去。

一進入工廠，來自「大藍」（IBM）的那四個人，便讓人打開認為是企業機密房子的門鎖，走進去，把廢紙簍倒出來，查證丟棄的檔是否用碎紙機處理過，然後搖動辦公室公文櫃的鎖，看看有沒有鎖好。

檢查的結果，那四個人好像很滿意。於是，向 IBM 總公司報告，說新銳公司的企業機密保安措施合格。可是，過後不久，那四個人又突然駕到，一來就對保守機密的情形重新檢查一番。

與 IBM 簽了合約而從不曾享有過工作特權的一位局外人向人訴苦說，當 IBM 要保守機密時，如同患了偏執狂一般。比如說，IBM 向代理公司訂制某種零件時，只提供該零件生產上所需的資料，代理公司在整個產品推出市面以前，搞不懂那是做什麼用的。

由於個人電腦業競爭極為激烈，因此，IBM 保守機密的形勢，一九八〇初面臨了最嚴峻的考驗。最大的競爭對手「蘋果公司」的個人電腦終於上市，並顯示一般大眾對它興趣濃厚，同時也很暢銷。其他公司也爭相投入新型的個人電腦市場。

IBM 決定將以自己品牌上市的個人電腦零件，不在公司內生產而在公司外生產，唯有裝配工作在 IBM 的波卡雷頓工廠進行。在由設在佛羅里達州的這家工廠運出第一號成品之前，其他競爭公司根本無法想像 IBM 的個人電腦會是什麼樣子。只是複雜的電腦零件，由美國各地數百家公司生產。IBM 電腦的誕生是個好例子，它可以顯示出在盜取祕密、竊取零件已達到肆無忌憚的產業界，IBM 為了保守機密而費盡了多少苦心。

世界上喝過可口可樂的不知有多少人，然而，有誰知道這種飲料的配方呢？事實上，可口可樂的配方屬於絕密，只有企業的一兩個核心人物知道。這就是可口可樂行銷世界、享譽全球，沒有遇到過多少敵手，幾十年常勝的原因之一。想當初，由於印度政府要求可口可樂公司公開可樂配方的祕密，可口可樂公司毅然決定從印度市場撤出也不公開其配方的祕密。這說明保守企業祕密是多麼重要。在中國發展市場經濟，產品走向世界的今天，要使我們的品牌享譽全球、通行無阻，我們不能不提醒商務談判者：小心說漏嘴！

保守企業機密與外商友好相處並不矛盾。企業機密，是指關係到企業的命運與生存，與企業的安全和利益息息相關的事項。和外商友好往來，是為了使企業的產品能在國際市場上站穩腳跟，給企業帶來經濟效益。為了博得外商的信賴，交易者應發揚助人為樂的精神，急人之所急，幫人之所需。但切忌口若懸河，有問必答，慷慨解囊，把自己的「飯碗」拱手相讓，使外國人不費吹灰之力而獲得「祕方」。

過去，由於一些人頭腦裡市場經濟意識淡薄，心腸比較熱，口風不緊的，致使一些祕密外洩，損失慘重。比如，本來中國研究、生產的某種化工產品在國際上享有盛譽，能成為出口創匯的黑馬產品。可是在外商進廠參觀時，廠方允許拍照，並使其詳盡瞭解整個生產流程，被其免費取走了核心技術，使中國出口的該產品在國際市場上成了滯銷品；某廠生產的空心宮麵，世界市場需求量大，前景廣闊可觀。但在某外商打著合資建廠的幌子實地考察時，廠方竟把和麵、烘乾的訣竅和配方全盤托出。外商按譜炒菜，在很短的時間內就開發出包裝精緻、質高價廉的空心麵，占領了國際市場。此後該廠的空心宮麵開始貶值，逐漸敗下陣來。相反，有些企業由於保密工作做得好，至今仍立於不敗之地，生產的產品一直供不應求，經濟效益十分可觀。

隨著國際交往和合作的進一步發展，國與國之間的競爭、鬥爭也會日趨激烈。企業祕密和科技情報將成為各國商業間諜竊取的重要目標。因此，交易者一定要提高警惕，切莫在為了「滿足對方需要」時洩露機密。這是管理當中最不易掌控，卻又最重要的內容，只有管理好機密，企業和品牌才能長久的生存和發展下去。

第六章　策略讓品牌之路越走越遠

「孫子兵法」幾千年來大行其道，在軍事方面一直保持著優勢地位，近些年來，人們將其中的謀略運用於商戰當中，讓其在硝煙戰場外，又再次找回了其不菲的價值。完成了自身的一次完美轉身。

商戰中的策略是可以左右全域的，運用時機和方式都將會對品牌的未來產生影響。因此，品牌策略得當，將會加速品牌的發展速度，同時，加強品牌的信譽，擴大其影響力。策略是品牌之龍當中的點睛之筆，有了它，品牌之路就會越走越遠。

第一節　走別人不敢走的路

「世上本無路，走的人多了便成了路」，第一個吃螃蟹的人，雖然承擔著風險，但同樣也是第一個知道螃蟹味道的人，敢為天下先，是一種精神，也是一種勇氣。現在中國的很多品牌之所以成功，就是它走了創新且富個性的成長之路。

中國企業品牌研究中心曾在北京舉行二〇一一年 C-BPI（中國品牌力指數）產業第一品牌發布會，一百零五個產業中的第一品牌脫穎而出，其中包括六十二個快速消費品產業、二十二個耐用消費品產業和二十一個服務消費品產業。國美電器以 C-BPI 指數六百四十五點七分榮膺「二〇一一年度 C-BPI 電器城第一品牌」。

國美之所以能取得今天的成就，有以下幾方面的經驗：首先，國美品牌的成功源於商業的敏感及敢於創新的個性。可以說，國美的每一步躍進都體現了敢於創新的思路。最早嘗試新的供銷模式，脫離中間商，而與廠商直接接觸；最早在媒體投放廣告；最早開設了連鎖店；最早嘗試跨地域發展……自國美在中二十五國創立後的年間，經由一系列的創新和嘗試，締造出在中國極具影響力的品牌 —— 國美。

國美發展史上有三個關鍵點：首先是在一九九三年將北京的幾家門店「國豪」、「亞華」、「恆基」等，統一為「國美」，擁有了一個自己的品牌。此舉為國美今後的擴張奠定了基礎，作為企業的老總黃光裕可謂是中國企業家中最早有「品牌意識」者之一。正是這種品牌意識，讓國美邁著更加堅定的步伐走過了品牌打造中的風風雨雨。

第二次，在一九九六年下半年，以長虹、海爾等為首的中國家電企業崛起，中國製家電品牌發展勢頭勢不可擋。國美在這個時候，感受到中國家電製造業所具備的特有優勢以及所帶來的巨大潛力，迅速地將產品結構由先前單純經營進口商品轉向經營中國品牌，幾乎在一夜之間，所有中國品牌都穩穩地站在了國美的展示臺上。現在，中國品牌、合資品牌已占國美所售商品的百分之九十。

第三次，是在一九九九年，國美走出北京，開始全中國的跨地域經營。從天津開始，上海、成都……一路攻城掠地，迄今國美在全國各地都有了自己的「勢力」。

品牌要想在芸芸眾生中脫穎而出，就要走不尋常之路，這些路因為少有人走，競爭小，因此，品牌打造的時間會相對短一些。當然，不尋常的路少有人走，自然沒有足夠的經驗可追尋，因此，失敗的幾率也會相應大一些，但這對有智慧有勇氣的人而言，都是可以克服的。

馬雲創辦的個人拍賣網站淘寶網，成功走出了一條中國本土化的獨特道路，二〇〇五年第一季度它成為亞洲最大的個人拍賣網站。

二〇〇三年，淘寶網誕生。這一年在中國歷史上註定是不平凡的一年。SARS 帶來的陰影持續不散，對於很多企業來說，這是最為艱難的時刻。但中國這個龐大的經濟實體，已經具有強大的抗打擊能力，經過了三個月左右的蟄伏期後，中國的投資和消費兩個驅動軸心均有良好的復甦，主要體現在實體經濟上。後來的很多宏觀經濟資料證實，這一年非但沒有成為中國經濟面臨嚴重壓力的一年，相反，卻是中國新一輪經濟騰飛的起點。

二〇〇四年，淘寶網在競爭對手的封鎖下獲得突破性成長。誰也沒有料到，新創立的淘寶網出奇制勝 —— 沒和 ebay 爭搶既有的存量市場，而是收割瘋狂生長的增量市場。僅僅經過一年時間，這家「倒過來看世界」的網路公司，就成了中國網路購物的領軍企業，它的成功極其耐人尋味。

幾乎沒有人意識到，位於浙江的淘寶網和位於上海的 ebay 或者是位於北京的 8848 等電子商務企業之間，至少有一點脈絡完全不同 —— 淘寶網選擇的業務拓展中心是江浙一帶，這裡中小企業密集，產品的成本壓力和銷售壓力巨大 —— 而電子商務這種新生事物恰到好處的滿足了它的需求。

二〇〇五年，淘寶網超越 ebay，並且開始把競爭對手們遠遠拋在身後。這一年的八月，中國統計局公布了一個資料，時年七月份的消費成長率為百分之十二點七。中國的消費成長率已經連續十六個月成長速度超過百分之十二。在當時很少有人意識到，這個數字的出現意味著什麼。三年之後的二〇〇八年，原中國統計局的一位副局長如此形容，「現在看來，中國正式進入消費驅動型經濟架構，就是從這個時間點正式得到確立 —— 它意味著中國的消費存在著脫離投資週期而走出獨立向上的穩定成長週期，其結果必然是中國的消費率存在快速提高的可能，消費在經濟成長中的驅動力量將逐漸提高。」二〇〇六年，淘寶網成為亞洲最大購物網站。

就在這一年，淘寶網第一次在中國實現了一個可能 —— 網路不僅僅是作為一個應用工具存在，它將最終構成生活的基本要素。很多都市中的白領，中午、傍晚下班後已經不再去周邊的商廈逛街購物，而是習慣上網「逛街」。調查資料顯示，每天有近九百萬人上淘寶網「逛街」。據新生代市場監測機構的調查，像沃爾瑪、家樂福這種大型大賣場，一個門店一天的平均客流量低於一萬五千人。這意味著，淘寶網一天的客流量相當於近六百家沃爾瑪的客流量。同時，人們相信並樂意在網上購買日常生活用品，這些商品已經占到網購總量的百分之三十。越來越多的線民經由網路購買服裝、居家日用品、食品保健品、母嬰用品和家用電器。

二〇〇七年，淘寶網不再是一家簡單的拍賣網站，而是亞洲最大的網路零售商圈。這一年，淘寶網全年成交額突破四百億，這四百多億不是 C2C（Consumer To Consumer）創造的，也不是 B2C（Business to Consumer）創造的，而是由很多種零售業態結合在一起創造的。就像北京最著名的商圈 —— 王府井，它是由百貨公司、專賣店、雜貨鋪甚至包括地攤等多種零售業態組成的。只有清楚了這一點，才能理解，為什麼任何一家做 C2C 或者 B2C 的網站，都沒有淘寶網這樣的發展速度。

二〇〇八年，在一個商務研討會上，一個專家如此說，「如果要定義淘寶網的成功道路的話，那麼只可能是這麼一句話：它終於將一個商業工具轉變為一個生活工具。」有人如此形容，如果說淘寶網的發展是借助了網路的飛速應用和個人消費的強勢興起的話，那麼它的未來只有集中在這樣一個脈絡之中：在個人消費帶動的個人意識回歸前提下，它的每一個拓展步伐都必須立足於「人」這個要素。

走別人不敢走的路，也是品牌打造方面的一個策略，可以有效減少競爭，讓品牌在初始階段完成資本積累，為今後的發展打下堅實的基礎。

第二節　價格調整是個專業技巧

市場是變幻莫測的，適應市場才能讓品牌獲得足夠的發展空間，價格調整就是其中的一個有效策略。任何一個品牌在發展過程中都會遇到各式各樣的坎坷，只有過了眼前的一關，才有資本圖發展。下面的故事也許能在這方面給我們帶來啟發。

有個漁夫整日打漁，以此為生。有一天，他運氣不佳，忙活了一整天，只網到了一條小魚，而且小魚還勸他另做決定。「漁夫，你放了我吧，看我這麼小，也不值錢，你要是把我放回海裡，等我長成一條大魚，到那時你再來捉我，不是更划算嗎？」漁夫說：「小魚，你講得很有道理，但是我如果用眼前的實利去換取將來不確切的所謂『大利』，那我恐怕就太愚蠢了。」

眼前的利益也是品牌發展的重要一步，因此，在市場發生變化的前提下，經由調整內部資源來獲取發展空間，是值得嘗試的謀略。

在二〇〇〇年前，長虹這個中國品牌實施了三次降價，這三次降價不但增強了長虹的品牌影響力，更為企業的發展提供了可靠的市場保障。

1. 一九八九年長虹第一次降價

一九八九年初，中國對彩色電視機徵收特別消費稅，每臺加價人民幣三百元。不料彩色電視機市場卻因此跌入谷底，這使得正在拼命擴大生產的彩色電視機企業馬上面臨產品滯銷，資金短缺的困難。長虹一度滯銷彩色電視機二十萬臺，為了生存和發展，長虹率先提出向消費者讓利銷售，不僅僅在於降低庫存，解決資金流動問題，更大的意義在於，這次降價一下子淘汰了一半電視機生產廠商，並使長虹的規模、技術、品質、品牌名稱均獲得了大幅度的提高，使其市場主動性也得到了提高。

2. 一九九六年長虹第二次降價

一九九六年，家用電器西方廠牌充斥著中國的市場。隨著中國大陸加入 WTO 的日期逼近，關稅門檻也越來越低，消費者更加關注進口商品和中國製商品的價格，其中對家用電器尤其是彩色電視機的價格給予很高的熱情，中國市場上二十五英寸以上的大螢幕彩色電視機七成以上是進口的。長虹彩色電視機再一次在中國範圍內大幅度降價。康佳、TCL 等也以積極的姿態加入了降價大戰中，經由此次降價，提升了國產彩色電視機品牌在消費者心中的地位，迅速提高了國產彩色電視機在中國市場的占有率和銷售額，同時彩色電視機消費市場也走向成熟。所以這次的降價，扭轉了彩色電視機業的危機，讓更多的消費者知道了長虹這個快速發展的民族品牌。

3. 一九九九年長虹第三次降價

根據行銷理論，市占率是居於領導地位的企業繼續保持領先的關鍵。一九九八年全國彩色電視機市場出現需求緊縮，各企業都遇到了市場相對緊縮與產量遞增的矛盾。除了長虹外，大部分品牌都悄悄進行不同程度的降價，影響了長虹的銷售量。為了進行市占率的保衛戰，長虹進行了新一輪的降價。這輪降價讓長虹走進了農村這一廣闊市場。

由此可見，降價也是一種技術，找對時機，找對位置是十分關鍵的。在現代企業管理中，降價是企業經營過程中經常使用的一種戰術，運用得當，時機適宜，往往能出奇制勝。個人電腦品牌康柏（Compaq）就經由降價，找回了自己在市場中的位置。

一九八三年，菲弗爾任康柏公司副總裁，他不負眾望，在國際業務的開拓央大展拳腳，在歐洲市場的份額大戰中拿下了次席，為康柏贏得了聲譽。美國《商業週刊》將其稱為「康柏歐洲動力源泉背後的動力」。

一九九一年，菲弗爾榮升康柏公司總裁。與許多傑出人物一樣，菲弗爾的任務不是續寫輝煌，而是拯救危機。菲弗爾剛剛坐上康柏的第一把交椅，呈遞上來的就是第一季度的虧損報告。他不得不忍痛割愛，讓一千兩百名職員回家，這次裁員占總員工的百分之十四。但顯然，裁員不是擺脫困境的良策。許多人都在觀望他如何實現「一定要重振康柏」的誓言。

菲弗爾為康柏制定了新的發展策略，即堅持發展個人電腦，使個人電腦普及化。他目光炯炯，發表自己的高見：「康柏的個性在於發展個人電腦。現在，許多電腦公司對這個市場沒有給予足夠的重視，這正是康柏搶占這個市場的大好時機。」菲弗爾讓以貴族電腦自居的康柏更具「平民化」。

「個人電腦的消費太高了，恐怕普通人買不起……」人們的議論不無道理。

「不錯，康柏是個人電腦世界中的名牌。但在看到康柏優勢的同時，我們的個人電腦價格太貴，超出了一般消費者的購買力……」

許多人不敢往下聽了，因為他們害怕菲弗爾做出降價的決定，而讓康柏失去「貴族」地位。

但菲弗爾的決定不可能收回了：康柏電腦的售價降低了三分之一。降低售價的做法能成功嗎？康柏個人電腦首次降價成了新聞，因為這是令人難以置信的價位。

康柏沒有食言。當然，以非名牌機子的價格購買名牌電腦的市場也就這樣被康柏占領了許多。

為保證營利並滿足日益成長的需要，菲弗爾要求生產的各個環節降低成本，並要求工廠二十四小時連續生產。到了這個時候，許多人認為他的做法是對的，因為他們願意笑著聽他說話：「行銷的關鍵問題在於打開市場，而要打開市場取決於兩個要素：一是品牌形象好，二是便宜。康柏在具備了品牌優勢後，要想大發展，就要降價。」

許多生產名牌個人電腦的公司以為康柏是權宜之計，沒有想到，對手已是成竹在胸。當他們醒悟到菲弗爾降價之舉的道理之後，紛紛仿效，一時間，名牌個人電腦的售價都降了下來。然而，並不是所有的公司都經得起降價的考驗。在菲弗爾挑起的價格大戰面前，不少公司因財力不支而倒閉，而康柏電腦在降價後不僅沒賠本，反而從一九九二年起，使康柏成為業界中少有的連年營利的公司。

菲弗爾曾經這樣回答一個探詢他經營之道的記者：「對於康柏來說，降價與降低成本和進行規模生產是並行的，只有這樣，才能既減輕顧客的負擔，又使康柏獲得理想的利潤。」

事實是，康柏在轉入量產時，每一道工序的造價都盡可能地降低了。下面的數字最能說明問題：一九九三年的生產量從一百五十萬臺提高到三百萬臺時，全部生產成本幾乎下降了一千萬美元。

菲弗爾挑起的個人電腦降價大戰為康柏帶來了什麼呢？

康柏輕型個人電腦在一九九二年的全年銷售額只名列全球第四位，一九九三年成為世界第一，市場占有率升至百分之十二。

擴大企業的知名度，價格戰是引發新聞的有效手段。經由價格調整可以在短時間內吸引大眾的注意力，這其實也是一種另類的廣告，只是這張看板要想打好，就必須有策略，不是隨意一張牌都可以當王牌使用的，價格調整也是如此。

第三節　價格越低，離顧客越近

社會中我們每個人的位置都是相對的，既使你是個商人，你也不可能生產全世界所有商品，難免有成為消費者的時候。消費者對物美價廉產品總是情有獨鍾，品牌如果能夠在價格上更接近顧客，則更能刺激大眾的購買欲，於是在各超市和專賣店，我們看到了各種折扣的打折資訊。這從另一個側面進一步強調了品牌的價格越低，顧客就越容易接受的道理。

多數人認為，產品的價值對顧客而言，等於品質加價格。由於人們對價格十分敏感，因此，價格策略，已成為占領市場銷售份額的關鍵因素。

產品的價格與產品的品質和定位等因素有極大的關係。通常來說，產品的定價策略有九種：優質優價、優質中價、優質低價、中質高價、中質中價、中質低價、低質高價、低質中價、低質高價。

顧客總是希望購買物有所值、物超價值的商品。因此，消費者對商品的要求是：品質滿意、價格合理。

企業在競爭中，為了打敗競爭對手、占領更多的市占率或者設法打進某一市場時，常常採用優質低價這一競爭力強的策略。日本企業就曾以低廉價格的產品擠進了美國市場。日本松下電器公司曾經說過：「我們的產品要像自來水一樣便宜，讓每個人都能享受得到。」

在產品的價格策略中，決定著它的還有產品定位的原則和方法，產品的目標市場在很大程度上決定了產品的價格定位。

一九六〇、七〇年代，美國消費者更看重名牌，一些名牌企業沉醉於其產品的知名度，而忽視了產品創新和價格與品質的關係，變得自鳴得意。當時，在各個企業管理者中流行這樣一種看法：我的名牌產品在廣告支出上，比非名牌要多得多，價格自然要高。消費者使用名牌時只是覺得價格昂貴，並未感到它在品質上與非名牌有多大差別。

到了一九八〇年代後期，消費者終於被激怒了。他們對名牌不再追逐，他們不再以擁有某種品牌而自豪，往往轉向尋找替代品。到此時，美國的企業家們才意識到了名牌策略的誤區，又返回到使品牌「物有所值」的老路上。

有句俗話：「磨刀不誤砍柴工」，這句話也同樣適用於當前激烈的商業競爭。在當前市場經濟中，各商家為了爭奪市場，各種手段層出不窮。但他們都知道唯有讓自己的公司生產出來物美價廉的產品，才能贏得市場競爭中的勝利。

美國的吉列公司在產品品質上和價格的關係上做得非常好。吉列公司以生產刮鬍刀而聞名世界。雖然它是一件很普通的小商品，但公司並不因此而輕視它。這個公司從未放鬆過新產品的創新，它一方面不斷推出新產品，一方面奉行「不定價過高」的原則，並採取與消費品價格指數掛鉤的方法，每天跟蹤一些價格在十美分到一美元之間的日常消費品的價格，使自己的刀片漲價幅度永遠不超過這些日用品的價格漲幅。

吉列公司對產品價格的正確定位，使他們的產品「物美價廉」、「薄利多銷」，這才是真正的世界名牌的價格經營策略，在這點上，值得中國企業去學習和借鑒。

第四節　先造聲勢，再造產品

輿論的力量有多大，體驗過的人都有些後怕。做品牌也要讓聲勢先行，這就是所謂的「兵馬未動，廣告先行」的辦法，也就是先造聲勢，再造產品。因為那種「閉門造車」的時代已經一去不復返了，企業只有大打宣傳牌，才能讓品牌在未出來前，便給眾人留下神祕感，吸引大眾的目光。

「酒香也怕巷子深」。想讓顧客接受你的品牌，除了品質過硬，還得做好宣傳工作。做廣告，就是攻占顧客的心理。人們在決定購買某一商品時，會受到一種潛意識的影響。商品資訊刺激的次數越多、越強烈，人們潛意識中商品的烙印也就越深刻，對商品的購買和消費就會成為一種無意識行為。事實上，人們總是習慣於消費自己熟悉的商品。

對商家來講，反覆的宣傳，在顧客心中造成強烈的印象是至關重要的。著名的可口可樂公司，就是利用顧客的這一消費心理，以鋪天蓋地的廣告大戰，奠定了可口可樂獨占世界飲料業龍頭的至尊地位。對於私營小公司來說，因為資金有限，產品及服務往往又局限在某一地區、某一範圍之內，要擴大自己的影響、提高知名度並得到社會的認可，就要考慮自己的「腰包」，看看應投入多少廣告費用才合適。因為大的廣告費用的投入未必會使事業永遠成功，而小的廣告費用的投入也未必就會失敗，關鍵是如何製造出好的廣告效果。那種言過其實、將產品吹上天的廣告，雖然可能使你獲得收益，但那只是暫時性的買賣，是沒有長久性的。

常言道：一分錢一分貨。你如果是一個小公司、小企業的經營者，自然不會用幾十萬、幾百萬的鉅款去裝飾你的廣告，可是，在你能負擔的範圍內，要捨得花錢，才會有更大的收穫。

有些企業認為，只要捨得花錢做廣告，就是廣告意識強。這種認識是片面的，其結果是企業使廣告成了一種鬥富鬥氣的遊戲，廣告被引入歧途。某些公司由於規模的迅速擴大和市場占有率的急劇上升，財力的增強以致在決策中出現失誤，以為有錢就有一切，就能改變一切和保持一切。殊不知，這種暫時的強大蒙蔽了決策者的眼睛，尤其是那些目光短淺的決策者，這對企業的發展是十分不利的。

公司企業若財大氣粗，當然更容易在廣告上做大文章、大手筆。然而現實告訴我們，廣告並不是唯一重要的，市場調查同樣也是必不可少的。如果我們缺少對零售商、藥房、醫院、商場等的必要的市場調查，就有可能是「盲人騎瞎馬，夜半臨深池」。

有時候，某一產業，某一地區的市場已處於飽和狀態，而在這時進行大量的廣告投入明顯是一種無效的行為。這樣做只會造成資金大量流失，廣告投入與產出不成比例，空耗錢財。

一個品牌在決定採用何種方法從事廣告運作時，必須綜合考慮企業的行銷要素組合以及廣告產品的生命週期在不同階段的特性。當推出新的產品之時，以擴大市場覆蓋率、提高知名度為目標，廣告費用投入較大，要具有較為強大的廣告攻勢。當產品已經為市場所接納，銷售量快速上升時，行銷的主要目標是擴大市場占有率，廣告目標就在於建立客戶對企業及其產品的信任，這時廣告費用可以酌減，維持在較低的水準。但也不能鬆勁，更不應放棄廣告運作策略，以免功虧一簣。在產品衰退期，由於新產品出現，市場經營困難重重，利潤不斷下滑，產品面臨更新淘汰的選擇，這時企業應當依據行銷發展目標，及早做出撤退還是據守反擊的決定。若是選擇後者，就應力保原有市場，加速產品更新換代，尋求商品廣告宣傳的新個性，以適合新的市場需要。

如果你在進行廣告運作時犯了錯誤，出了紕漏，也不必失望。可以想一下，大型廣告公司也有犯錯的時候。但是，你要切記，一定要為你的產品，你的公司做廣告，最終，你定會找到一種獨具特色和魅力的廣告和廣告媒介。這種宣傳謀略，可以讓品牌在短時間內形成知名度，為進一步打開市場做鋪墊。

第五節　該無聲無息時千萬別張揚

激烈的商戰，有時需要勇往直前，無所畏懼；有時則需要靜觀默察，以逸待勞。如果說前者是力的體現，後者則是智的張揚。

美國有個叫哈勒爾的人，他在一九六〇年代初購進稱為「配方四〇九」的一種清潔噴劑批發權，到一九六七年時，「配方四〇九」已經占有百分之五的美國清潔劑產品市場。

然而，家用產品之王寶僑公司正在準備全力推出一種稱為「新奇」的新清潔劑。哈勒爾的生意遭遇到了最棘手的問題，那就是如何能在「寶僑」的強大攻勢面前站穩腳跟？

「寶僑」的行銷策略就是利用大量的廣告來爭奪市場占有率。因此，當另一項清潔產品逐漸打開市場時，「寶僑」當然會採取必要的應對措施。為了保護自己的優勢，就必須推出一種競爭性產品，借此開闢新的生意領域。一九六七年，它開始試銷一種稱為「新奇」的清潔噴液。

「寶僑」在「新奇」這項產品中，曾投入大量的資金，對市場進行研究。「寶僑」在科羅拉多州丹佛市進行這項產品的試銷時，也是採取聲勢浩大的方式進行。在沒有事先確知「新奇」是一項值得投資的產品之前，他們就在全國大規模展開推銷攻勢，其聲勢浩大，大有風捲殘雲之勢。

面對「寶僑」咄咄逼人的競爭態勢，哈勒爾決定採取避其鋒芒，以靜制動、以逸待勞的策略。

哈勒爾所採取的戰術完全適合本身規模小，起步晚的特點。他很巧妙地從丹佛市場悄悄地撤出「配方四〇九」。同時中止一切廣告和促銷活動。不再與其正面競爭，這是一種遊擊戰：用靜悄悄而又迅速地行動去放縱對手。競爭就是這樣微妙，大張旗鼓也許會旗開得勝；但悄無聲息也不一定就是甘願敗北。以退為進，靜中取勝，未嘗不是上策。這時「新奇」清潔噴液在試銷中表現極佳，寶僑公司在丹佛市負責這項試銷的小組，便得意洋洋地聲稱：「所向披靡，大獲全勝。」由於虛榮心作祟，再加上對「寶僑」信心十足，使他們完全沒有意識到哈勒爾的策略。

當「寶僑」開始發動全國席捲推銷攻勢時，哈勒爾開始採取報復措施。在不聲不響、回避鋒芒的運作中，哈勒爾悄悄地放出一個「冷箭」，他把十六盎司裝和半磅裝的「配方四〇九」，一併以優惠零售價銷售。這純粹是一種低價戰——哈勒爾並沒有充分的資金長期支撐，但卻可以使一般的清潔噴液的消費者一次購足大約半年的用量。

因此，當「寶僑」還在使用傳統的新產品行銷策略時，總部派出大軍來配合展開全國性廣告攻勢，而此時「配方四〇九」的使用者，已經休養生息。他們不需要再購清潔噴液。唯一留在市場上的是新使用者，這些人的需求量極其有限。

最後，儘管寶僑在試銷這項新產品時曾大獲全勝，但還是無奈地撤回了產品。

哈勒爾贏得很巧，面對「寶僑」這種強勁的對手，哈勒爾深知大公司的心理，他判斷「寶僑」會因為規模太大，而不去密切注意他的動靜。「寶僑」是一頭大象，而自己就像一隻精靈古怪的小猴子，很容易聽到它的腳步聲而先躲開，在靜靜地觀察中尋找最有利的機緣。這就是智慧謀略在占領市場方面的實例，這種謀略為小品牌走向成功提供了樣本。

第六節　新思維打造新境界

「聲東擊西」之計在商場中巧用同樣可以取勝，一種新的思維能成功避免正面迎敵，能儘量減少耗費，從而無聲無息地贏得市場。可口可樂就是運用了「聲東擊西」之計，在市場占有率上占盡了先機。

可口可樂與百事可樂多年來一直明爭暗鬥，雙方的拉鋸式競爭長達幾十年，雙方也都對對方的招式非常瞭解，大致也沒有明顯的強弱之分，這種狀態一直僵持到一九八四年。

某年五月，百事可樂又在味道、配方及廣告上大作宣傳，結果竟占了一時之先，銷售額反超了一直榮居榜首的可口可樂，可口可樂的境地一下子顯得被動起來，此時，採取強攻已經很難，因為百事可樂當時的狀態正是鼎盛時期。於是，可口可樂決定以智取勝，很快可口可樂策劃了「聲東擊西」的方案。

可口可樂公司突然宣布要改變沿用了九十九年之久的配方，採用新研發的配方。在常人想來，這無異於「自殺」之舉，畢竟，老配方依然為民眾所接受。與此同時，可口可樂公司每天都會收到無數的抗議電話及抗議信件，一些經銷商也因此降低或放棄進貨，以此來抵制新配方的可口可樂，更有甚者，竟然將公司告到了法院，不久，可口可樂換配方之事在全世界鬧得沸沸揚揚。

當可口可樂一片「危機」的時候，百事可樂終於長出了一口氣，並趁機大做廣告，鼓舞消費者購買百事可樂的老牌飲料，銷售額一路飆升。

七月，吊了消費者兩個多月胃口的可口可樂公司宣布為了尊重消費者的需求，新老配方可樂將同時生產，消息一經傳出，全美各地的可口可樂消費者紛紛搶購，一時間，市場掀起了一股熱潮，新老配方的可樂都備受歡迎，銷量也比同期有大幅提升。同時，可口可樂的股票也有上升。而先前志得意滿的百事可樂卻輸得很慘，拱手將「寶座」還給了可口可樂。雖然百事可樂也緊跟著採用新老兩種配方，但是已失去了先機，由主動變成了被動。

可口可樂的這招「聲東擊西」之計，用得非常成功。他用一系列「昏」招迷惑了百事可樂，使推出新、老配方飲料一舉成功，並大大提升了可口可樂的市場占有率。

可口可樂這種策略，給商家帶來了深刻啟示：當面對困境時，不要一味想著硬取強攻，應以計勝之，當對手忽然變招的時候，要想著以動制動。

所謂謀略不能只停留在書本上，實際運用才能看到效果，聲東擊西這種策略眾所周知，但能將其完美運用的卻少之又少，不是我們智慧不夠，只是我們不夠細心，沒有從對手的角度出發去考慮問題。只有將對手研究通透，才能在謀略使用方面，勝人一籌。

第七節　桃子不結在一棵樹上

在現代生意場上，沒有誰可以保證讓自己的品牌做個常勝將軍。既然如此，一旦失利我們不妨坦然面對，贏得起輸得起的品牌才能笑到最後。

清朝名臣左宗棠喜歡下棋，而且棋藝高超，少有敵手。有一次他微服出巡，在街上看到一個老人擺棋陣，並且在招牌上寫著：「天下第一棋手」，左宗棠覺得老人太過狂妄，立刻前去挑戰，沒有想到老人不堪一擊，連連敗北。左宗棠洋洋得意，命他把那塊招牌拆了，不要再丟人現眼。

當左宗棠從新疆平亂回來，見老人居然還把牌子懸在那裡，他很不高興，又跑過去和老人下棋，但是這次竟然三戰三敗，被打得落花流水。第二天再去，仍然慘遭敗北，他很驚訝老人為什麼這麼短的時間內，棋藝能進步如此地快？

老人笑著回答：「你上次雖然微服出巡，但我一看就知道你是左公，出征在即，所以讓你贏，好使你有信心立大功。如今已凱旋歸來，我就不敢客氣了。」左宗棠聽了心服口服。

勝敗乃兵家常事，有時不必太在意得失。在現代社會中，超級競爭是新經濟的一個重要特徵。那麼一個品牌要如何才能在驚濤駭浪中有驚無險的到達勝利的彼岸呢？通用汽車的方法，也許能給我們帶來一些啟發。

通用在不斷加速將汽車推向市場，但是其速度仍然落後於其主要競爭對手。哈佛大學商業學院教授吉姆·克拉克對全世界汽車生產進行研究後，認為通用需要四十二至四十八個月才能完成一種新模型的重新設計。其速度比一九八〇年代提高了九個月，但比日本人卻落後了十二個月。他說：「與美國公司相比，日本公司的生產效率要快一倍，一種新汽車上市的速度要提前一年。」

專家認為，通用的情況很像美國的整體情況，要想戰勝對手就要進行改革，要想在汽車製造業中重執牛耳，就要提高生產效率，就要採取新的市場策略，不斷更新傳統的銷售觀念。

有效的市場策略在當今汽車工業中的地位日趨重要，因此，汽車銷售市場策略也是全球性的。由於各國各地區的人口現象、地理差異以及文化各異決定了汽車需求的不同。過去那種只迷信名牌和生產國的顧客擇物意識日趨淡薄，人們不再執意要買美國、法國或德國貨。他們以滿足自己的需要為首要購買標準。當今北美仍然是汽車產業利潤最大的市場。全球汽車業的競爭使北美有六百種以上款式的汽車供顧客選擇。

針對這一變化，通用市場策略一改過去那種只靠大量的廣告爭取顧客的做法，盡力使自己成為能最快地反應市場需求並以顧客為導向的公司。一九八四年，通用改組了北美的汽車公司，根據市場結構的改變，將原來的六個汽車分支機構合併成市場及產品設計兩大部門。這個改組計畫使最新設計與生產熔於一爐，刪除重複的部分，創造出一個更有效率的團隊。不僅提高了效率，而且也拉近了通用與顧客之間的距離。通用針對不同的顧客群將產品進行細分，而且注重主要產品形象，以滿足不同的需要，擴大了產品的差異性。

通用為了能夠最快地瞭解市場需求，對市場與廣告的效果進行全面調查，盡可能地瞭解廣告增加了多少競爭力。一九九〇年的市場調查使通用獲得了更多的重要資訊。根據資訊回饋，通用迅速地重新劃分汽車市場以及輕型商用車的分類，制定出各地區應生產的汽車種類、型號、性能以及顧客所喜愛的汽車式樣。市場調查促使通用的人才和資金的運用達到了最適宜的程度。這就是精細的市場科學。

通用汽車公司不僅出售汽車，而且出售航空航太和國防產品，顧客專定的電腦服務系統、工業清潔服務、電信系統，向海外市場出售的建築施工設備、機器人和輕型「磁力淬火」超磁體。這種超磁體使電動機的研發和使用發生澈底變化。

全球競爭已經使通用汽車公司的經營方針發生了變化。這些變化同多種經營的趨勢聯繫在一起，使市占率和生產成本的含意和重要性都發生了改變。現在只要日本的五十鈴汽車公司賣掉汽車，通用汽車公司就能賺錢，因為通用汽車公司擁有五十鈴汽車公司將近四成的股份。通用在韓國的大宇汽車公司、韓美塑膠製品公司和車燈製造三家公司各擁有其一半的股權。它們的生意好，通用的收入自然也會增加。通用從一九七一年起，就與四十多家公司進行合作。

通用將市場作為立足點，以品牌利益為根本出發點，採取了一系列有效的措施，在殘酷的市場競爭中，這個品牌脫穎而出，成為笑到最後的贏家，它的這種生存和發展方式，對其他品牌的成長具有極大的參考價值。

第八節　調整策略，適應市場

在商業戰場上，經營者要根據形勢的變化，隨時調整自己的策略，來占領市場，戰勝競爭對手。商場好比戰場，競爭異常激烈。要想取得成功，就必須選擇重點，縮小目標，細分市場，制訂正確而靈活的經營策略。臺積電和 Motorola 公司則是運用這一理念的佼佼者。

正確的策略使臺積電能克敵制勝，贏得世界第一。在張忠謀二十餘年的領導生涯中，他非常注重策略，認為大策略需看市場，小策略則需看重對手。

所謂大策略，通常是市場和技術的匯合點。當時臺積電要做專業代工，在策略上是個大冒險，但這個決定卻是經過深思熟慮的。

半導體設計公司是專業代工公司的主要客戶。當時美國只有幾家設計公司，但隨著市場的擴大，這樣的公司將會越來越多。有許多設計師脫離原有公司，出來自己闖天下，但他們沒有資金來建廠，因此有人幫他們製造產品便成為他們的期盼。

臺灣的製造技術好，製造業人才資源豐富，從作業員到研究開發人員，一層層人才的品質都比美國和歐洲高，因此不存在技術問題。存在市場和技術的交會點，做專業代工這個大策略就可制訂。這正是臺積電欲做專業代工的出發點。在大策略下，公司還有一連串小策略進行配合。

制訂小策略要看競爭對手，要充分打擊競爭者的弱點。當時日本企業是臺積電的競爭者，如東芝、日立，這些日本企業的合格率和臺積電差不多。欲對對手進行打擊，就要找到他們的其他弱點。日本企業以代工為副業，可有可無，他們只是在工廠閒置時才願意幫別人代工，而且還要求客戶技術授權，利用技術在市場上跟客戶競爭。因此臺積電樹立了兩個小策略：對外不和客戶競爭，對內要有彈性，儘量滿足客戶需求。在小策略下，還有更小的策略，例如強調彈性，日本企業要六個星期才能交貨，他們就降低一半，三個星期就交貨；日本企業不願意為客戶修改制程，他們則願意改，客戶拿什麼設計圖來，他們都願意配合。因此代工兩年，臺積電的營業額就達到二十億臺幣。

大策略最好是逆向思考。張忠謀認為，這樣才容易有生存空間。臺灣很多企業的策略，都是順向思考，沒有創意，只能從節省成本、提高生產力著手，賺管理的錢。策略制訂得正確，也只能保證六成的成功希望，其他四成是靠執行力，尤其是逆向思考的策略，領導人要花很多時間去說服員工，才能將他們的執行力真正激發出來。

開始時，臺積電做專業代工，只有一兩個高層主管真正信服，直到做出成績後，公司上下才覺得這是值得追隨的策略。張忠謀說：「在專業代工領域，原本只臺積電一家，現在諸多競爭者加入，就面臨策略轉捩點，這時就要考慮競爭者的弱點，把競爭障礙越築越高。例如技術是一項障礙，如何建立強大的技術團隊，在技術方面領先對手，就成為重中之重。沒有人，就得去找人。既然決定這是項策略，就得貫徹執行它。」

比如 Intel 前幾年，到處找人要專利費，那時它靠智慧財產權，收取大筆資金。但這幾年，它積極建立技術障礙。Cyrex、超微等其他競爭對手被它遠遠的甩在了後面，Intel 在微處理器市場占七成五，就是因為它的技術障礙越建越高。

服務也是競爭障礙。張忠謀認為：臺積電和客戶互相依存，公司要想更好的發展，就要將自己的工廠變成客戶的工廠，做到讓客戶在自己的辦公室裡，和臺積電電腦聯網，產品做到什麼程度，甚至將來連產品的成本多少，都可以告訴他們。

競爭對手如果做不到這一點，就無法與臺積電競爭。臺積電的成功，靠的就是這樣正確的策略。

策略的成功決定著企業的發展。Motorola 在三十年前幾乎是帶著恐懼注視著日本人。一九六〇年代時，芝加哥公司的電視機製造分公司規模已經很大，且營利也不錯。然而到一九七〇年代，因為受到成本高昂及日益高漲的日本廉價電視潮的衝擊，該公司蒙受了巨大的損失。「日本人太倡狂了，他們要同我們搶奪市場。」經過激烈的價格戰，日本人成功了，最後使美國幾乎每家電子公司的電視機都失去了市場。一九七四年，Motorola 將其電視分公司賣給了日本松下公司。但是，當其他美國公司在外來競爭中紛紛破產的時候，Motorola 並沒有因賣掉的資源而沮喪，而是選擇重新調整力量。它將目光轉向無線電通訊系統，這個舉措很有預見性。經過重新調整，其銷售總值平均每年成長一成五，一九九三年達到一百六十億美元，其中美國本土以外的銷售占了一半以上。除日本之外，在拉丁美洲和亞洲的每個經濟成長強勁的地區，銷售量都在急劇成長。策略的成功讓 Motorola 走出困境，走出了一條適合自己企業的發展之路。

市場是有限的，一個品牌要想在有限的市場中分得利益，就要對自己的品牌策略進行適時調整。適者生存的道理並不是一句空話，要知道，市場是無情的，對於不適合者，將會被無情地淘汰。因此，任何品牌和企業都要時刻關注市場，對其品牌策略進行適時調整，唯有如此，方能在競爭中生存並發展下去。

第七章　科技人才是二十一世紀的競爭資本

科技和人才是品牌發展的兩大要素，缺一不可。這一點在業界已形成普遍共識。人才會讓品牌在科技方面取得突破，同理，先進的科技可以吸引更多的人才加入，如果能形成這樣一個良性循環，品牌必將保持活力，長久的發展下去。

在市場激烈的競爭下，科技和人才已成為品牌在二十一世紀可持續發展的資本，只是一味投錢的方式是一種傻瓜式的經營，這樣的經營猶如沒有地基的摩天大廈，看似豪華，卻禁不住風雨的時間的磨鍊，終有坍塌的一天。因此，一個品牌除了有資金作為資本外，科技和人才同樣必不可少。

第一節　發展離不開重視人才

在當今社會，人才就是生產力。一個品牌的發展離不開優秀人才的加盟。古人曾用「千金易得，一將難求」來形容人才的珍貴，在市場競爭異常激烈的今天，人才愈顯珍貴。

在世界眾多知名品牌中，對人才的重視從來都是品牌發展史中的一個亮點。

在全球化事業中，SONY 公司大量聘用外國員工，吸收他們進入管理層，甚至董事會，並與各國研究開發機構進行人才交流。

SONY 重視人才，在 SONY 公司開創的國際化事業中有許多外國人的足跡。這不僅包括 SONY 設在各國的銷售公司、生產工廠的外籍工人，而且包括許多公司企業的經營管理者。公司之所以這樣做，是想發揮這些出身當地的經營管理者對市場、對本國文化充分瞭解的特長，使公司設在各地的分公司和工廠能深深植根於國際化的土壤之中，從而取得更大成功。

企業的經營管理方式因各國的企業文化背景不同，也有很大差異。在外籍管理人員、企業經營者的任用過程中，SONY 公司注重揚長避短。一九七二年至一九七八年，SONY 美國公司的工作，由擁有在美國 CBS 公司工作經歷的哈威．沙因先生負責。沙因是美國一流的企業經營者，在他的領導下，SONY 美國公司的事業有了很大的發展。但他的經營方式不是日本式的，而是遵循純粹邏輯和嚴格的條理性。沙因認為，日本式的管理方式無助於發展 SONY 美國公司的事業。盛田等公司領導者對此頗感興趣，認為值得一試。東京的 SONY 總公司在經過爭論之後，允許其運用自己喜歡的方式經營。結果沙因把公司完全美國化了，幹得非常出色：他吸收了一批新的最高行政管理人員，並解雇了一些原有的管理人員，同時建立起一套對一切支出實行嚴格財務監督的預算制度，並且以身作則。在國內乘飛機作公務旅行，沙因甚至去坐經濟艙，在各方面都很注意節約。從營利的角度講，SONY 在各地的主要企業經營者沒有人能超越他。SONY 公司支付給沙因的年薪在二十萬美元以上，並在數年中完全放手讓沙因幹，這在日本駐美企業中是罕見的。不論是在美國設立的生產廠商，還是在本國的分支機搆中，像沙因一樣出任高級經營管理者職務的外國人還有很多。他們為 SONY 的國際化事業做出了重要貢獻。

由於推行企業國際化策略的成功，SONY 公司多年來在它的最高經營領導機構董事會中聘任外國董事。據日本大型新聞雜誌社鑽石社一九九二年度的統計，該年度全日本上市企業中，公司董事會成員一級的經營管理者約四萬人，其中外國董事占總數的 0.3%，僅有近一百三十名。而 SONY 公司在四十名董事中，就有外國董事三人，占董事會成員的比例高達 7.5%。經過一九九五年四月董事會成員的變動調整後，這一比例上升到 7.6%，這種高比例在日本極為罕見。

為了推行國際化策略，SONY 也作了「內部國際化」的努力，這表現在它在企業內部建立的兩種對外交流制度上。一種是請海外研究者進行客座研究制度。為了將「內部國際化」的目標具體落實，SONY 內部的策略研究與開發部門從各國的研究開發機構中邀請人員，進入公司的研究機構共同工作兩至三年，然後回國。這被 SONY 稱作「全球研究和工程師計畫」。當時，在 SONY 的中央研究所、綜合研究所工作的海外技術人員有二十幾位。公司計畫以後將這一比例增加到研究人員的百分之十。

另一種對外交流制度叫做「休假年位置」，即 SONY 招聘外國的大學、官方研究機構和企業的一流研究人員，在一定時期內作為 SONY 的人員從事研究工作，進行交流。此外，技術方面的國際交流還有每年召開的兩次世界規模的研究開發會議。包括一年一度在日本舉行的由日本、英國、澳大利亞和美國的研究人員參加的會議，以及每年在世界各地輪流舉行的開發會議。SONY 的策略與研究開發部門經由多種方式的對外交流，推行自己的「內部國際化策略」，使 SONY 進一步走向國際化，成為一個國際性大企業。

用人之道，是一個品牌的潛力股，是否會用人關係著品牌的生死存亡。在中國歷史上就有一位深諳用人之道的人，他就是劉備，他本身的實力並不具備爭霸的資格，但卻能將人才籠絡在自己身邊，最終成就了霸業。

當今社會競爭激烈，作為品牌的締造者不但自己要具備良好的素質，還要有發現人才，知人擅用的長遠目光，這是品牌和企業立足市場的根本所在。

長江實業集團能有今天的輝煌，關鍵是有一個英明的領導階層。這要歸功於李嘉誠慧眼識人，任人唯賢。

一間破舊不堪的山寨廠，發展成為龐大的跨國集團公司，長江實業公司成功的因素除了企業領導者自身的才能外，他的「用人之道」亦功不可沒。

在企業發展的不同階段，企業主扮演的角色不盡相同。而企業主下屬的輔佐人才，同樣如此。

企業老闆在企業創立之初，最希望有忠心耿耿、忠實苦幹的人才。在塑膠廠創立初期，別說他的下屬，就是李嘉誠本人，也要安裝機器、生產製品、設計圖紙，靠自己的雙腿走街串巷採購和推銷，一切皆需親力親為。

從一九五〇年代初，上海人盛頌聲、潮州人周千和就跟隨李嘉誠。盛頌聲負責生產，周千和主理財務，他們兢兢業業，任勞任怨，輔助李嘉誠創業，是長江勞苦功高的功臣。

李嘉誠一九八〇年提拔盛頌聲為董事副總經理；一九八五年周千和被委任為董事副總經理。

有人說：「這是很重舊情的李嘉誠，給兩位老臣子的精神安慰。」其實不然，李嘉誠多次委以他們重任，盛頌聲負責長實公司的地產業務；周千和主理長實的股票買賣。一九八五年，盛頌聲因移民加拿大，才脫離長江集團，李嘉誠和下屬為他餞行，盛頌聲十分感動。周千和仍在為長實服務，他的兒子也加入長實，成為長實的核心力量。

對此，李嘉誠說：「長江工業能擴展到今天的規模，要歸功於屬下同仁的鼎力支持和合作。」

香港《壹週刊》探討了李嘉誠的用人之道：「創業之初，忠心苦幹的左右手，可以幫助富豪『起家』，但元老重臣未必能跟得上形勢。到了某一個階段，倘若企業家要在事業上再往前跨進一步，他便難免要向外招攬人才，一方面以補元老們胸襟見識上的不足，另一方面要利用有專才的幹部，推動企業進一步發展。

李嘉誠正是這樣做的。如果他一直只任用元老重臣，長實的發展肯定不如現在。

在一九八〇年代長實得以急速擴展及壯大，其股價由一九八四年的六元人民幣，升到九十元人民幣（相當於舊價），這和李嘉誠不斷提拔年輕得力的左右手是分不開的。

霍建寧是長實管理層後起之秀中最引人注目的一位。霍建寧引人注目，並非他經常拋頭露面，他實際上是從事幕後工作的，處事低調是他的個人特色。他負責長江全系的財務策劃，擅長理財，他認為自己是個 Professional Manager（專業管理人士），而不是衝鋒陷陣的幹將。

霍建寧畢業於香港大學，隨後赴美深造，一九七九年學成回港，李嘉誠把他招至旗下，讓他出任長實會計主任。他業餘進修，考取英聯邦澳洲的特許會計師資格（憑此證可去任何英聯邦國家與地區做開業會計師）。李嘉誠很欣賞他的才學，一九八五年委任他為長實董事，兩年後提拔為董事副總經理。那時，霍建寧才三十五歲，如此年輕就任香港最大集團的要職，在香港是極為少見的。同時，霍建寧還是長實系四家公司的董事。另外，他還是與長實有密切關係的公司如熊谷組（長實地產的重要建築承包商）、廣生行（李嘉誠親自扶植的商行）、愛美高（長實持有其股權）的董事。

可以說霍建寧是一個「渾身充滿賺錢細胞的人」。長實全系的重大投資安排、銀行貸款、股票發行、債券兌換等，都是由霍建甯策劃或參與抉擇。這些專案，動輒涉及數十億資金，虧與盈都在於最終決策。從李嘉誠如此器重他，便可知他的才能如何。

加上年薪和董事袍金，以及非常性收入，如優惠股票等，霍建寧的年收入在一千萬港元以上。人們說霍氏的點子「物有所值」，他是香港食腦族 (靠智慧吃飯) 中的佼佼者。

同時，霍建甯還為李嘉誠充當「太博」角色，肩負培育李氏二子李澤楷的責任。

有一位叫周年茂的青年才俊，是與霍建甯任同等高職的少壯派。周年茂的父親是長江的元勳周千和。周年茂還在學生時代，李嘉誠就與其父一道送他赴英專修法律。

回港後，周年茂馬上進長實。李嘉誠指定他為公司發言人，兩年後的一九八三年即被選為長實董事，一九八五年與其父周千和一道被擢升為董事副總經理。周年茂任此要職的年齡比霍建寧還小，才剛過三十歲。

那時有人說周年茂一帆風順飛黃騰達，是得其父的蔭庇——李嘉誠是個很念舊的主人，為感老臣子的犬馬之勞，故而「愛屋及烏」，著力培養他。

當然，周年茂的「高升」，不能說與李嘉誠的關照沒有關係。但最重要的，還是周年茂有實力。據長實的職員說：「說那樣話的人，實在不瞭解我們老細（老闆），對碌碌無為之人管他三親六戚，老細（老闆）一個都不要。年茂是個叻仔（有本事的青年呀），雖然他年輕。」

讓周年茂任副總經理，是讓他頂移居加拿大的盛頌聲的缺——負責長實系的地產發展。茶果嶺麗港城、藍田匯景花園、鴨月利洲海怡半島、天水圍的嘉湖花園等大型住宅屋村發展都是由他具體操作的，他肩負的責任比盛頌聲還大。他不負眾望，得到公司上下「雛鳳清於老鳳聲」的一致讚揚。

原來李嘉誠一手包攬長實參與政府官地的拍賣，現在同行和記者常能見著的長實代表，是一張文質彬彬的年輕面孔——周年茂。周年茂外表象書生，卻有大將風範，臨陣不亂，該競該棄，都能較好把握分寸，令李嘉誠非常滿意。

長實的地產發展有周年茂，財務策劃有霍建甯，樓宇銷售則有女將洪小蓮。在長江地產至長江實業的初期，這些工作全由李嘉誠「一腳踢」（一手包攬）。李嘉誠由管事型變為管人型。正如商場戰場流行的一句話：「指揮千人不如指揮百人，指揮百人不如指揮十人，指揮十人不如指揮一人。」指揮一人，就是抓某一部門的主要責任人。當然，對集團的重大決策與事務，李嘉誠仍要親力親為。

人們把霍建甯、周年茂、洪小蓮稱為長實系新型三駕馬車。洪小蓮年齡也不算大，她全面負責樓宇銷售時，還不到四十歲。洪小蓮在一九六〇年代末期，長江未上市時，任李嘉誠的祕書，後來又任長實董事。洪小蓮是長實出名的「靚女」，人長得好看，風度好，待人熱情，在地產界，在香港中環各公司，提起洪小蓮，沒有不知道的。

在長實總部，雖不到兩百人，卻是個超級商業帝國。每年為長實工作與服務的人，數以萬計，資產市值高峰期達兩千多億港元，業務往來跨越大半個地球。大小事務都得到洪小蓮這裡匯總。洪小蓮是個澈底的務實派，面試一名信差，會議所需的飲料，境外客戶下榻的酒店房間，她都要親自打理。

與洪小蓮打過交道的記者說她：「洪姑娘是個『叻女』，是個完全『話得事』的人。」

長實管理層在一九八〇年代中期，基本實現了新老交替，各部門負責人，大都是二十至四十歲的少壯派。周年茂說：「長實內部新一代與上一代管理人的目標無矛盾，而且上一代的一套並無不妥，有輝煌的戰績可以證明。」

重視人才、任用人才、信任人才是企業和品牌在人才管理方面的三個重要環節，缺一不可，這三要素若能被合理運用，品牌和企業都將因此而受益。這個世界無論離開誰都照常運轉，但對重要的人才，挽留總比讓其變成對手更有利於發展。本著這個思想，在對待人才方面，要慎之又慎。

第二節　起用合適的經理人員

試著讓各階層的經理人把自己當作是老闆，如此一來他們將會以企業經營者，而非看管者的姿態來經營。這樣的做法，可以增加其身上的責任感，讓其將一顆心全部用在企業發展當中，最大限度的發揮其價值。

一個經營者不可能事必躬親，經理人員是必不可少的。一個理想的經理人應當具有開放的心、善於溝通、良好的團隊精神。邵逸夫等成功人士都很擅長「起用合適的經理人員」。

邵逸夫在一九五八年花費三十二萬元，買下清水灣近八十萬平方英尺的土地，他就在這處荒郊野外大興土木，建造「邵氏影城」，展開規模宏大的「製夢工廠」的建設。

建好了攝影棚，成立了新公司，機器設備齊全了，萬事俱備，就差人才，如製片、化妝、剪輯、配音、暗房、編劇、導演、演員等各部門都需要配備人才方能正常運轉。

於是，邵逸夫決定廣招人才。

他深知人才的重要，不能馬虎對待。儘管登門報名者絡繹不絕，可他嚴格考核，慎之又慎。他抱著「寧缺勿濫」的態度，決不放鬆或降低標準，堅決淘汰不滿意者，毫不手軟，面對邵逸夫嚴厲苛刻的招聘條件，不少人知難而退。勇敢挑戰者，最終也未被錄用。一批又一批報名者，猶如大浪淘沙被淘盡。宣傳人才始終像那水中月、鏡中花般虛無縹緲，不見蹤跡。邵逸夫感歎：找個好人才簡直如大海撈針一樣，太難了。

一次，邵逸夫的老友吳嘉棠向他推薦了一個名叫鄒文懷的人。鄒文懷的確是不可多得的人才。邵逸夫對於這次見面，極為重視，精心布置了一番。他親自把關，把自己認為滿意的「邵氏」出品的影片挑選出來。

那天的見面安排得隆重熱烈，規格甚高。邵逸夫一身新裝，早早地恭候鄒文懷的到來。鄒文懷一到，邵逸夫就設宴款待，為他接風洗塵。吃完飯，邵逸夫又陪同鄒文懷一起看戲，欣賞「邵氏」的影片，照顧非常周到。

這可是邵逸夫幾十年來頭一遭如此紆尊降貴去迎接一位素不相識的陌生客人。他心中自有如意算盤：眼下人才奇缺，若想成霸業，必須有一流人才加盟。此後，他又多次找到鄒文懷，幫助他解決後顧之憂。

邵逸夫的誠意打動了鄒文懷，他決定接受邵逸夫的聘請，到剛剛創業的「邵氏」工作。但又提出個要求：「邵先生，宣傳部必須由我自組班底，這個條件必須答應我。」

邵逸夫當即表示：「好啊！這個要求我完全同意，你儘管放心。」邵逸夫放手任用鄒文懷，這體現出他的用人度量，一個沒有度量的人，是無法真正獲得下屬的支持和理解的。信任是最神奇的力量，也是留住人才最好的方式。

人才是改變品牌的命運之手，用人不疑，疑人不用，只有這樣，才能選到合適的經理人。

第三節　知人善任，人盡其才

「知人善任，人盡其才」，這是現代管理者的用人之道，海內外一些知名品牌在這方面都有著極深的研究，它們在用人方面的智慧值得許多管理者認真學習。

提到「微軟」，人們對它的評價是「軟體界的大亨」。從這個評價中，可以看出它在人們心中的地位。然而就是這樣一個在軟體方面地位超然的龐然大物，在用人方面卻一點也不馬虎，比爾蓋茲帥才方面的才能也在用人當中得到了無聲卻完美的詮釋。

一九八衣年底，微軟已經控制了 PC 的作業系統，並決定進軍應用軟體這個領域。比爾．比爾蓋茲再次將目光放遠，決定把微軟公司改變成不僅開發軟體，而且成為一個具有零售行銷能力的公司。在他看來，全面競爭就得一面加強產品開發，一面加強產品銷售，銷售將會成為微軟發展不可或缺的一環。但是，市場行銷與軟體程式設計相比更具難度，因為在軟體設計方面，微軟人才濟濟，不乏高手；在市場行銷方面，卻找不出一個很在行的人來。銷售業績的不佳，或者更應該說與產品開發的極不協調，令微軟十分為難，沒有這方面的人才，進入市場便無從談起。

為了改變這種狀況，比爾蓋茲努力尋找銷售人才，以為己用。最後，從肥皂大王尼多格拉公司挖來了一個大人物，公司的行銷副總裁羅蘭德．漢森。漢森對軟體方面可以說是完全的「門外漢」，然而他對市場行銷卻有著極其豐富的知識和經驗。漢森上任便被比爾蓋茲任命為主管行銷的副總裁，全面負責公司的廣告、公關、產品的宣傳與推銷等。

漢森給公司裡的技術人員進行了一次生動的啟蒙教育，在漢森的力陳之下，微軟公司決定，將微軟的商標加在所有的微軟產品上。

從此，微軟創出了「微軟」這個自己的品牌。為時不久，這個品牌，在美國、歐洲，乃至全世界都成為家喻戶曉的名牌。市場銷路問題也隨之解決。

以海外市場為主的市場擴張使微軟公司的經營規模日益增大，公司第一任總裁吉姆斯·湯恩顯得江郎才盡，明顯不適應形勢發展。年近半百的湯恩主動辭職。

為此，比爾蓋茲找到了坦迪電腦公司的副總裁謝利，直截了當，將總裁一職委託給他。

微軟的人事在謝利到來後便大刀闊斧地動起了「手術」。他把鮑默爾提升為負責市場業務的副總裁，削減了百分之二十的日常費用，更換了事務用品供應商……

微軟在謝利的管理下穩步上升。謝利的作用一點點在公司的發展中體現出來。

為了搶在其他公司之前開發出具有圖形介面功能的軟體，占領應用軟體市場，一九八三年，微軟開始了「Windows」專案，並宣稱設計、開發、生產，一套工程在一九八四年底完成。但是，「Windows」軟體直到一九八四年八月還沒有開發出來，以致新聞界把 Windows 稱為「泡泡軟體」。

謝利經過一番仔細調查，找到了存在的原因：除去技術上的難度以外，開發 Windows 的團隊和管理十分混亂。謝利立刻進行深入的整頓：把研究機構分成幾個部門，指定專人負責；更換產品經理，把程式設計高手康森也調入研究小組，負責圖形介面的具體設計。而 Windows 的總體框架和發展方向則是蓋茲的主要任務。

Windows 的開發工作在謝利的布置下有條不紊地開展起來。蓋茲十分驚歎謝利的傑出才能。微軟在一九八五年底向市場推出

Windows1.0 版，隨後是 Windows3.0 版。比爾蓋茲曾經說「要啃一口『蘋果』，嘗嘗到底是酸還是甜」，現在他得償所願。在微軟向正規化公司發展的路上，漢森和謝利發揮到了重要作用。

在膽識、氣魄上微軟公司也表現十分突出。在作業系統領域取得霸主地位的比爾蓋茲於一九八二年決定進軍應用系統軟體領域。他不能坐視應用系統軟體領域這鍋好湯被其他公司瓜分，他也要分一杯羹，當然，如果能獨占市場就更好了。

可是應用軟體領域已有多家有實力的公司各據一方，要想求得一席之地不是一件簡單的事情。應用系統的軟體，不像作業系統軟體，開發出來以後，直接和生產主機的電腦公司打交道，而是要進入零售市場，和形形色色的經銷商打交道。這就意味著蓋茲的微軟公司，除了開發一流的應用軟體之外，還必須配有一支精明強幹的銷售隊伍，打開市場，將公司的優秀軟體推向市場，並對客戶提供周到的售前、售後服務。

可是，這時的微軟公司，從公司本身的性質看，還只是一個軟體發展公司，雖然擁有 200 名員工，年營業額達三千四百萬美元，但仍不具備強勁的行銷能力。比爾蓋茲雖然不乏雄才大略，但在市場行銷、服務方面，卻不甚精通。為此總裁謝利和比爾蓋茲費盡心機，四處搜尋相關人才。獵人頭公司在一九八四年初送來了幾個人的材料，其中，一個叫傑瑞·拉騰伯的人吸引了謝利。在 M&M 公司任過職的傑瑞·拉騰伯，後來又到阿塔里電腦公司從事銷售，現在在科瓦拉技術公司工作，任該公司的銷售督導，在行銷、管理等方面具有傑出的能力和實踐成績，十分符合微軟的需求。

經過謝利和比爾蓋茲的商量，負責零售部門的副總裁被委任給傑瑞．拉騰伯。傑瑞·拉騰伯一九八四年五月正式就職。憑他的經驗和知識，傑瑞．拉騰伯到微軟幾天後，立即發現微軟的癥結所在。

拉騰伯直言不諱地對蓋茲說：「對於一個大公司而言，必須有一個強大的服務隊伍，如果不能給用戶提供全面、周到的服務，那簡直是難以想像的。」由於對行銷知之甚少，蓋茲在與拉騰伯交談時顯得十分謙虛。

微軟的零售和服務隊伍在拉騰伯的領導下開始調整。拉騰伯用用戶服務部來取代以前的使用者服務辦公室，大力擴充人員，建成了一支有六十多名技術人員和三十多名其他工作人員組成的使用者服務隊伍，負責從回答、諮詢到技術維修等一系列的工作。

拉騰伯對零售隊伍進行充實、調整，對全體人員進行銷售、談判方面的輪訓，提高人員能力。經過一番整頓擴充，一支真正的銷售、服務隊伍加入到微軟公司中來。此時的微軟具備了大公司的產品開發和市場銷售兩種能力，拉騰伯的這支隊伍發揮到了重要作用。

知人善任，人盡其才，使人才歸心，正是這樣的舉動，讓微軟更加迅速發展，成為影響世界的知名品牌。

第四節　人和地球是最重要的

「人與地球同是最重要的」，這是三洋電機公司最基本的信條之一。當你看見一個人走在海濱沙灘上，身邊是一望無際湛藍的大海，這時候你對這個概念自然就會深刻理解了。

「三洋電機公司」中的「三洋」二字代表：太平洋、大西洋、印度洋以及這三個地區居住的人們。它還意味著：把整個世界聚合起來使之成為一個整體。三洋公司深信：未來世界終將成為一個整體，為這樣一個整體社會努力工作並做出貢獻的人，不僅會受到日本人們的歡迎，而且定會受到全世界人們的尊重。三洋公司認為，整個世界就宛如一個大舞臺，「三洋」決心在世人面前做出值得驕傲的表演。縱觀「三洋公司」的整個歷史，正是向著這個理想步步邁進的歷史。

本著「人和地球是最重要」的這樣一條原則，全公司上下員工齊心協力去研究兩個重大課題，即：「善待地球」—— 淨化能源；「善待人們」—— 提供人們所需的軟體以及電子產品。

在淨化能源方面，三洋公司主張應用並發展太陽能和其他綠能技術，如：太陽能電池和鎳金屬氫化物蓄電池組。開發無氯氟烴空調器和其他新技術，如：直接驅動熱泵和吸收式空調設備。

在提供軟體以及電子產品方面包括：液晶高畫質電視投影

機，電腦、便攜通訊設備以及有關聲像、電腦和通訊方面的使用技術，並且包括高級家用智慧自動控制系統，這個系統中裝有神經中樞的裝置和帶有模糊邏輯的裝置，同時還含自動操作清洗機器人。

經由推動「善待地球」、「善待人們」的活動，三洋全體員工目標更加明確，就是立志成為保護人類賴以生存的地球的真正的國際公司，並為人們生活創造樂趣，「三洋」將是全世界人們生活中必不可少的一部分。

三洋公司的一個宏大目標是研究開發二十一世紀新能源，創造新的能源世紀。GENESIS（配以太陽能電池的全球能源網路與國際超導體網路的英文縮寫）太陽動力工程項目將提供一個保護人類和地球的能源系統。

太陽能是世上所有能源中最早被人類使用的能源。假使沒有太陽，礦物燃料，如：油和煤將不可能存在。每一秒內，太陽釋放的能量比人類一年中消費的能量要大十二萬倍。GENESIS 工程項目是一個新的能源系統，旨在開發和利用取之不竭的乾淨能源。三洋公司堅信二十一世紀將是一個新能源世紀，並認為 GENESIS 工程項目完全可行。這項工程牽涉範圍廣，目標長遠，它提倡將世界上大規模的發電設施都設在沙漠、平原和海洋以及一些有可能採集到太陽光的地方，將這些發電設施與超導體網路連接形成世界範圍內的能源網路。這個系統的設計可以滿足全球人類對能源的需求，同時也擺脫了眼下這種嚴重威脅地球的空氣污染和環境破壞。

這個跨越世界的計畫不再是夢想。三洋目前的「GENESIS 中途計畫」是最終完成 GENESIS 的中間媒介，這一計畫被人們稱之為「新能源世界系統（NEWS）」。為了最大限度提高太陽能效率，該系統還包括氫能源發電設備和電力輸送設備，能夠向全球範圍內提供電力。據計算，到下個世紀，這個系統可以提供全球總用電量三成的電力。

為了儘快實現「中途計畫」以便最終在二〇五〇前全面實現「GENESIS 計畫」，三洋電子集團已做好了充分準備，為完成新的全球能源網路作出貢獻。

三洋公司「善待地球」的技術成果之一，是開發出無氯氟烴空調器。隨著礦物燃料的耗費，空氣中二氧化碳的含量持續增加，對臭氧層的破壞日趨嚴重。對此，三洋公司提醒人們必須保護環境，並把這些問題銘刻心間。三洋的科研、發展以至制定生產計畫都圍繞環保這一主題，於是利用乾淨能源 —— 太陽能電池的家用空調器在三洋問世。三洋公司是世界上第一個使太陽能空調器商品化的公司。

三洋還成功推出了一個新的空調系統 —— 直接驅動熱泵，即：「DDHP」。它使用無害於環境的氨為工作液體取代了氯氟烴（CFC），同時還可以供冰箱、加熱器以及家用熱水器使用。三洋的高效氣體燃燒系統把二氧化碳和雜訊降低到最小限度。旨在創造一個潔淨、宜人的生活環境，從而大大提高人們的生活品質，而三洋雄厚的技術實力為達成這一願望奠定了堅實的基礎。

「善待人們」，是三洋公司的另一重大課題。公司在軟體及電子產品方面都取得了令人矚目的成果。

四百五十萬畫素的液晶顯示投影機，被稱為二十一世紀影像技術之預展。隨著一九九一年日本 SBS-3b 廣播衛星成功發射，日本國內的高畫質（HDTV）電視試驗廣播從每日一小時延長到每日八小時。二十一世紀的新的影像技術終於開始了。為了迎合新世紀的需要，三洋發明了一種高畫質液晶顯示投影機，它使用三個液晶顯示板，每個板有一百五十萬畫素的圖像元素，這個投影機一共有四百五十萬個畫素，歷史上，從來沒有過這麼高的清晰度。最近，三洋發明了一個「液晶顯示主影像高級寬銀幕系統」，這是一個四百英寸寬的無縫大螢幕產生一個極大的視野效果。在這個領域裡三洋開創了高畫質圖像的新時代。高畫質度系統給人們展示的場面遠比常規的廣播刺激得多。現在這項技術正被新領域使用，如：藝術博物館。在博物館中，三洋高畫質影響檔案系統忠實地向參觀者反覆介紹那些上等藝術作品。

使用第一流的邊緣科技，三洋發明了「Teio」並將它推向市場。Teio 是一種大螢幕直觀彩色電視機，這個電視機內裝有一個轉換器，可以接收高畫質衛星轉播，然後將其轉變為標準的

NTSC 形式。目前 Teio 享有極高的榮譽，人們說它開創了新的視覺時代。

三洋推動「善待人們」活動，即：給予人們軟體和電子產品的活動。這一活動督促三洋員工無論是設計還是生產都處處以人為中心。例如三洋獨有的橫置式 Zeema8 毫米攝影、錄音一體機，拍攝時幾乎只需要經由取景器選鏡頭即可。三洋的氣流導向扇裝有神經中樞網和模糊邏輯控制裝置是目前工業領域中絕無僅有的傑作。它可以精確地測定遙控位置並將氣流轉向這個方位。三洋的這些人工智慧技術使得家用電器能隨人心所欲，實現了「善待人們」的最終目的。

三洋用一步一個腳印的方式，憑藉科技和人才走出了一條屬於自己的品牌之路，三洋的牌子在實踐「人和地球最重要」這一真理當中，邁出了重要的一步。由此可見，任何一個品牌的打造都離不開科技和人才這兩大要素。

生活在現代社會中，品牌已不再是奢侈品，它分幾個層次進入了平常百姓家。品牌正以不可思議的速度，影響人們的生活，成為生活中必不可少的成員。例如，在說到雀巢的時候，我們自然而然想到的是一個關於「雀巢」牌子的咖啡。在說到麥當勞的時候，我們的腦海之中出現的是漢堡形象……一些在國際上享有知名度的品牌，總是能和一些物品進行聯繫，這就是品牌的力量。

之所以說品牌是企業生存的空氣和地球，是因為品牌一旦打響，它將是取之不盡，用之不竭的無限資源，品牌的價值是無形的，不可估量的，它會隨著品牌影響力大小而呈現上下浮動的趨勢。這時，科技和人才的力量就會得到充分展示和顯現。

第五節　「顯微鏡」下的創新

「創新」一詞對我們來說並不陌生，管理創新、產品創新、包裝創新等詞彙經常出現在報紙和雜誌中。對於讀者，可能只是過眼雲煙，但對於喜歡創新，將創新當成使命的人，對創新有著自己的理解。

我們知道，品牌的發展是離不開創新的，奇瑞塗裝就在創新方面取得了明顯進步，從而讓品牌更具市場競爭力。

奇瑞塗裝二廠生產線是由著名的德國杜爾公司承建的，也是目前世界汽車產業第五條最先進的塗裝線。儘管如此，這條塗裝線依然有自己的缺陷，杜爾公司從給 BMW 設計的第一條塗裝線開始，就一直沒有辦法保證車身散件在電泳槽中的順利運行。由於電泳槽中每一分多鐘就要「出浴」一臺車身，車身是以來回翻轉的姿態通過電泳槽的，而每一種車型都有四門兩蓋，這些門蓋在翻轉過程中都必須固定，保證不能砸到電泳槽內壁，同時又要保證在下線時能迅速拆卸。如果屆時門蓋一旦打開，就會給生產線以及車身品質造成無法估量的損失。因此如何讓門蓋在經過電泳槽時不打開，連國際專家都難以解決，一般只能使用鐵絲捆綁來固定門蓋。但就是這樣一個國際難題，卻被成功解決了。品質創新在奇瑞已成為一種時尚，工作人員都將品質創新當作己任，用認真的態度去對待。

瑞虎車型剛剛投產的時候，在塗裝生產中遇到了令人頭疼的問題：每輛車從塗裝線出來後都需要點修補漆。這不僅使塗裝成本大幅上升，也給產品品質帶來隱患。經過細緻觀察後發現，油箱口蓋和前保險杠處的「碰傷」，是導致瑞虎油漆缺陷的兩個主要原因，經由兩個簡單輔具的發明，解決了這一問題。

看似不起眼的一個小發明、小創造都會對產品品質的改善發揮關鍵性的作用，這讓奇瑞的技術工人們充滿了品質創新的熱情。

奇瑞用十年達到了其他汽車企業需要幾十年才能達到的技術水準和品質水準，這個發展速度是驚人的，而這驚人的發展速度在很大程度上來源於不知疲倦的品質創新。

創新成功啟動了奇瑞品牌，同時，也激發起員工內心的雄心壯志。人才在創新當中發揮到了不可估量的作用，重視人才，調動人才的積極性，讓奇瑞在品牌發展上面取得了非凡的成就。

品牌消費已成為當今社會的一種時尚消費方式。對於品牌人們總是給予無限的信任，為了不辜負這份信任，品牌也要加快自己前進的步伐，如果說品質是產品價值的基礎，那麼創意就是產品的靈魂，直接關係到消費者是否喜歡、最終決定選擇與否。一直以來，304 衛浴以高品質的產品以及優質的服務，引導衛浴新潮流，創造時尚生活。據瞭解，為了更好地為顧客服務，嚴格把控產品品質，公司引入了現代企業的管理理念和制度，高標準、高要求，每一個環節都在嚴格的控制下，精工細做，務求完美。

技術革新、設計創新是 304 衛浴取勝的法寶之一。為了推出優質的產品，公司不斷加強科技研發力量，致力於為消費者提供高品質創新性產品。以 304 不銹鋼浴室櫃為例，該浴室櫃以優質 304# 不銹鋼作為原材料，表面經過獨特的「無指紋」技術處理，豐富的色彩搭配，使產品簡潔大方而不失現代氣息。304 不銹鋼浴室櫃產品以其特有材質及精湛的工藝，具有防銹、防潮、防腐、耐磨、抗開裂、無輻射、無污染等諸多優點。除此之外，304 衛浴還將紅外感應技術廣泛應用於出水控制、節水控制方面，生產出具有紅外感應出水控制功能的浴缸和座便器，此類浴缸和座便器安裝有紅外感應裝置，具有自動放水、出皂液的功能；智慧座便器則擁有溫水沖洗、暖風烘乾、坐圈加熱、自動防汙除臭等諸多功能。技術的創新，讓品牌拓展了受眾人群，為品牌的快速發展打下了基礎。

創新不容易，創新意味著改變，所謂推陳出新、氣象萬新、煥然一新，無不是訴說著一個「變」字。創新意味著付出，因為慣性作用，沒有外力是不可能有改變的，這個外力就是創新者的付出；創新意味著風險，從來都說一分耕耘一分收穫，而創新的付出卻可能收穫一份失敗的回報。創新確實不容易，所以總是在創新前面加上「積極」、「勇於」、「大膽」之類的形容詞。

任何創新都是需要付出代價的，不勞而獲只存在於童話故事裡，創新離不開人才，在當今社會，人才是創新的根源，因為我們相信，再複雜的技術都是由人創造的，人才是根本，技術是要素，兩者的完美結合，才能讓我們看到了一個不斷改變的世界。

第六節　站在巨人的肩膀上才能看得更遠

科技的出現，改變了人類，也改變了世界，然而科技是不斷向前發展的，要想使自己的技術不落後，自己的品牌發展下去，就要不斷的改進。這時，站在巨人的肩膀上是最好的選擇，要知道，高的起點才能帶來更高的目標。技術的引進是實現企業和品牌發展的有力保障，有了先進的技術，品牌才能在市場中占據更多的話語權。

為了公司的正常發展，IBM 公司就曾毅然打破國界的限制，引進了 SONY 公司的電子電腦磁帶技術。

SONY 公司以創新和開發新技術、新產品為宗旨，一九六〇年代初期投入技術研究事業的援助資金、開發資金高達數千萬日元。SONY 公司用了整整三年時間，終於研發成功高密度記錄用金屬磁帶——HID 磁帶。儘管這種磁帶的性能好、功能多，但因它不同於通常指導下生產的統一規格的標準磁帶，暫時無法正式使用，也不能投入批量生產。以植材為首的 SONY 研究人員非常清楚這一新技術產品的實用價值，因此想到：音響或錄影機因為有互換性的問題，答錄機不能使用，那麼電腦用可不可行？征得公司領導同意，他們給美國國際商用機器 IBM 公司寄出了產品樣本，以測試投入應用的可能性有多大。

IBM 公司對 SONY 公司的磁帶表現出濃厚的興趣。因為當時該公司使用的電腦磁帶均是 3M 公司的產品，這對企業推行自主經營策略並不好。IBM 公司曾買進大型加工機器，嘗試自行生產磁帶。但是，幾經努力，還是不能生產出符合要求的產品，因為它們缺乏足夠的技術情報。IBM 公司立即對 SONY 的產品樣本進行了測試，效果非常理想。接到測試報告後，IBM 公司的董事長瓦特遜先生為探討與 SONY 進行合作研發的可能性，特別前往日本進行交流。作為世界一流大企業的領導者，瓦特遜認為 SONY 有這樣強大的技術力量和優秀的技術人員隊伍，肯定能生產出電腦用磁帶。於是他向盛田昭夫表示，雙方可以合建一個生產磁帶的公司，並且表示，公司設在日本或美國可由 SONY 公司決定，生產的產品可全部銷給 IBM 公司，從經營者的角度看，這是一樁有利的買賣。

但是 SONY 技術部門則認為，由於消費者僅僅是 IBM 一家公司，是一種買方市場，有被對方壓價收購的危險。同時這也不利於磁帶技術的進步，雙方最終沒有達成一致。但是，IBM 公司非常希望得到磁帶製造技術。於是，雙方舉行會談，商討 SONY

公司為其提供從建立工廠到產品製造的全部技術的技術轉移事宜。一九六五年十一月，SONY 與美國國際商用機器公司簽訂了電子電腦用磁帶技術協定和共同研究新磁記錄媒介物及技術援助協定。這一協定在第二年一月獲得政府批准，正式生效。作為交換條件，IBM 公司曾表示可以向 SONY 公司公開其所有的有關磁錄音方面未公開的技術，包括專利，SONY 可以自由使用，其中也包括高速地將資料登錄電子電腦磁帶進行演算的技術，這對 SONY 今後的發展非常有利。遺憾的是，SONY 公司以自己只生產消費品為理由，未加接受，只是將 SONY 的專利賣給了美國國際商用機器公司。因為當時 SONY 的經營決策者看重的是能立即投入實用的技術，他們更想得到資金去為已投資的項目提供資金保障。

SONY 向 IBM 的技術輸出獲得了巨額專利費。在簽約時，一次拿到了十萬美元。在以後的十年中，IBM 公司以每盤磁帶十美分的價格向 SONY 提供專利費。不僅如此，公司經過努力，還使 IBM 公司購買了 SONY 的股票，從根本上扭轉了公司的財務狀況。

IBM 公司看重 SONY 整體的技術力量，毅然決定購買 SONY 公司的股票。SONY 公司自創業伊始就以頑強的鬥志，不斷向新技術領域、新技術產品挑戰，引起了包括 IBM 公司在內的國內外企業的關注。不僅公司在消費者中間進一步贏得了信任和尊敬，而且在日本社會尤其是企業界引起了較大反響。

引進技術，可以輕易地將自己的起點提到一個全新的高度，這對品牌的發展是十分有利的，至於那些所謂的技術輸出費用，會隨著品牌的發展而體現其物超所值的一面。如果我們對別人先進的技術視而不見，眼中只有自己，這種做法只會限制我們的目光，阻礙品牌的發展。

站在巨人的肩膀上才能看得更高，技術是品牌發展的支撐力量，沒有技術，品牌的腳步就將停滯，甚至倒退，因此，引進先進的技術，看到自身的不足，才能促進品牌的發展。

第七節　科技是企業的第一生產力

現代商業的競爭核心是高新技術。商家競爭的成敗在很大程度上取決於產品的技術含量，只有技術含量高的產品，才能在市場上獲取更大的經濟效益。

現代科學技術的發展，使產品經濟壽命不斷縮短。過去要幾年或幾十年才更新一次的產品，現在可能只要幾個月。就連集中了高新技術的電腦產業，也幾乎是幾個月就更新一代。這種日新月異的變化，給品牌的技術創新帶來了「威脅」—— 新產品加速老化，或許品牌還沒來得及輕鬆品嘗一下自己創新的甘甜，創新利潤就已經消失了。因此，品牌只有經由不懈的技術創新，利用高新技術來延長產品的壽命，才能提高產品的市場應變能力。

萊雅是法國一家生產化妝品公司。過去，它在同產業中一直鮮為人知，屬於那種名不見經傳的小公司。然而，在公司總經理戴爾的帶領下，萊雅不懈地進行技術創新，如今已成為世界上知名的公司，成為影響世界的大品牌。

萊雅在研發新產品方面敢於投入。總經理戴爾是一個思想敏銳、管理嚴格、作風潑辣的人。為開發新產品，他常常和部下在會議室裡「爭執」。他也經常鼓勵員工要勇於向其主管上司提異議。萊雅在研究出一種新配方時，先用兔子、老鼠、假髮甚至手術刀切下的皮膚來做實驗。為了試驗染髮劑在世界各地各種氣候條件下的使用效果，他們在實驗大樓內設立了「赤道陽光」、「英國濃霧」、「北極寒冬」等模擬環境。像這樣耗資驚人、設備先進、人才一流的研究開發，一般化妝品公司不敢問津，同時也捨不得投入這麼多資金。此外，歐萊雅還採用與美國研究月球地形設備相同的儀器，來研究人類臉部皺紋的產生。

由於萊雅注重利用高新技術，所以它的一種新型固髮劑剛上市立即就享譽市場，連最挑剔的美容師也讚不絕口。

萊雅就是靠高新技術來提高其產品的應變力，後來居上，由「末流」公司成為世界一流的化妝品公司的。adidas 的壯大也與不斷提高技術有關。一次，adidas 發現足球鞋的重量與運動員的體力消耗關係極大：在每場一個半小時的比賽中，平均每個運動員在球場上往返跑一萬步。如果每隻鞋減輕一百克，那麼，就可大大減少運動員的體力消耗，提高他們的拼搏能力。

adidas 創始人阿道夫·達斯勒（Adi Dassler）經過觀察，發現半個世紀以來，足球鞋的重量很少減輕，主要原因是保留了足球鞋上的金屬鞋尖。而在每場比賽中，就是最能拼殺的前鋒，可能踢觸到足球的時間，也只有四分鐘左右。

怎麼樣才能把鞋的重量再減輕一些，這成了阿迪·達斯勒整天琢磨的事。據說阿迪為此整天吃不好飯、睡不好覺，直到晚上還是迷迷糊糊，想著跑鞋減輕重量的事。

經過反覆的研究，他們果斷地去掉了鞋上的金屬鞋尖，設計出了比原來輕一半的新式足球鞋。這種鞋一投放市場就立即受到好評，足球運動員和足球愛好者們爭相購買。

一九五四年，世界盃足球賽在瑞士舉行。adidas 抓住開賽前的機會，深入到運動員中間，廣泛地聽取運動員的意見和要求後，非常迅速地研發出一種可以更換鞋底的足球鞋。

決賽那天，伯恩的萬克多夫體育場上一片泥濘，賽場上的匈牙利隊員奔跑起來非常費勁，而穿著 adidas 生產的新球鞋的聯邦德國隊員，卻依然健步如飛。比賽結果是聯邦德國足球隊第一次登上了世界冠軍的寶座。就這樣，adidas 的活動釘鞋一下子又成了人們的搶手貨。

adidas 開發了一種又一種受人歡迎的產品：橡皮凸輪底球鞋，適合冰雪地、草地、硬地比賽的各類球鞋；一九六〇年代研發出來的以塑膠代替皮革的球鞋；到一九七〇年代生產了用三種不同硬質材料混合製成的鞋底的球鞋；一九八〇年代初生產的新式田徑運動鞋，這種鞋的鞋釘螺絲可以根據比賽場地和運動員的體重、技術特點、用力部位而自行調節。adidas 用技術為自己的品牌發展保駕護航。

早在一九七八年，僅足球鞋一類，adidas 在世界各地所獲得的專利就達七百多項。adidas 也由一個僅有幾十名員工的小工廠發展成為一家跨國公司。

因此，品牌在生產過程中，必須時刻加強技術含量，不斷地改進產品，牢牢地吸引顧客，不斷地拓展市場，以適應顧客的需求，否則只能被淘汰出局。只有以不懈的技術創新，才能提高產品的市場應變力。運用技術獲取市場的方式有以下三種：

1. 技術使用的用途拓寬。如杜邦公司將用於戰爭的火藥改進為民用建設中使用的炸花包，將戰爭中用的尼龍傘變成了平時使用的尼龍襪。
2. 技術使用的空間範圍的拓寬。如新市場上賣的產品，新瓶裝的酒，發達國家的小汽車向發展中國家輸出。
3. 時刻把握技術發展趨勢。在技術上延伸，即不斷進行技術創新，運用高新技術力爭產品在技術上領先，這才是從根本上獲得永久競爭力的方法。

品牌的成與敗就在於新技術。事實證明，使用高新技術可以使品牌勃然興起，這是品牌發展不變的道理，沒有先進的技術，品牌的大廈也會隨之倒塌。

第八節　永遠走在時代最前列

「人無我有，人有我新，人新我精，人精我專，人專我轉」，這是商場上競爭處於人前的不二法則。這句話流行多年，也曾為很多創業者做出過指導。然而，現在，人們卻越來越漠視這句話。尤其是一些優秀的品牌，在品牌取得成功後，進取心悄然褪色。創新成為歷史，品牌發出了危機的信號。

品牌並不是一勞永逸的，它是要隨著時代和消費者的要求不斷創新，資訊化時代，創新就是品牌的生命，要想長久保持自己的市場地位，就要不落人後，勇於創新，唯有如此，方能將品牌做大做強。

「故車戰，得車十乘以上，賞其先得者。」《孫子兵法》認為應該獎賞那些衝鋒陷陣，奪取戰果的士兵。勇於拼搏的人，無論何時都將受到更多的關注和垂青。

Intel公司是美國最大的半導體製造企業，在全球半導體生產企業中，穩居首位。Intel公司自一九六八年創立以來，發展極為迅速，尤其是一九八〇年代至今，平均每年銷售額及營利額遞增四成以上。一九九八年Intel公司的銷售額為兩百六十二億七千三百萬億美元，居《財富》雜誌全球五百強排序的第一百二十一位。

Intel 公司成立於一九六八年，其創建人是美國仙童半導體公司的元老羅伯特．諾伊斯、高登．莫爾和後期進入公司的安德魯．格羅夫。最初名稱為 N·M 電子公司。資金除自籌的五十萬元外，另又籌到三百萬元風險基金。隨後，公司名稱取集成電子的前五位元字母，將其更名為 Intel 公司。公司成立初期，他們就決定以生產大規模集成化半導體記憶體作為第一步，為以後的發展打下基礎。當時的半導體記憶體的價格為普通磁芯記憶體的十倍左右，價格法則必然會影響該產品的銷售。但由於半導體記憶體速度快、效率高且性能可靠，優勢十分明顯。對自己開發的產品，他們深信不疑，並認為，以公司的不懈的努力，一定會使半導體記憶體的價格降下來，最終用這種性能優越的產品取代老式的磁芯產品。數月後，公司向市場投放了高速隨機記憶體（RAM）3101。該產品的價格也逐漸降至普通磁芯記憶體的兩倍左右，達到了消費者能夠接受的程度。

「Intel」這一名稱一下在電子工業領域名稱聲大振。一年後公司另一個傑作：金屬氧化半導體（MOS）記憶體 1101 又生產並投放到市場，並獲得可觀的收益。Intel 公司初期產品的成功，不僅使公司渡過了最初的困難時期，也確立了大規模集成的半導體存儲產品在經營中的核心地位以及公司初期的發展路徑。隨著公司的發展，又一個轟動世界電子領域的產品 1103 於一九七〇年問世。1103 全稱為 1K 動態隨機記憶體，它是電子工業史上第一個能夠存儲充足資訊的半導體晶片，這一產品的生產，澈底宣布了磁芯記憶體時代的結束。時至今日，動態隨機記憶體是任意一臺電腦都不可缺少的組成部分，它們都是 Intel 這種產品的衍生後代。

Intel 公司開發生產的很多產品都對電子計算機工業做出了貢獻，但具有里程碑式意義的，當首推 Intel 公司一九七一年世界第一塊微處理晶片 4004 的研發成功。最初 Intel 公司並沒有進行電腦微處理器研發生產的計畫，只想在記憶體方面不斷創新。當時，有一家日本電腦製造企業請 Intel 公司代為設計可用於一系列計算器的晶片，Intel 公司工程師霍夫接受了這項任務。為滿足日本公司提出的壓低成本的要求，霍夫工程師當時突發奇想：把以前由多個分立元件組成的中央處理單位（CPU）集中在一個晶片上，不是就解決問題了嗎？這一設想得到公司的支持，經過努力研發，4004 型微處理器終於開發成功。至此，Intel 進入了一個新的發展時期，霍夫也因此獲得「微處理器之父」的美譽。

4004 在一塊長六分之一英寸，寬八分之一英寸的晶片上，密集了兩千三百只電晶體，但其功能卻相當於 3000 立方英尺體積的大型電腦。這簡直讓人震驚。最初 Intel 公司以及整個計算機工業領域並沒有馬上意識到 4004 的偉大貢獻，可漸漸地，人們發現微處理器晶片簡直是現代社會中無所不能的絕佳助手，從收銀機到電腦小型化到各種控制系統，4004 簡直是一個全能的應用廣泛的選手。隨著微處理器適用範圍的擴大，Intel 公司的策略決策開始迅速調整，公司把發展微處理晶片的研發生產放在了首要位置上。

隨著 Intel 公司對微處理晶片研發工作的不斷深入，一九七二年，公司又推出了第二代微處理晶片 8008，這種八位元晶片比 4004 功能更為強大，它不僅具有算數運算功能，而且具有字元的處理能力。但 8008 只是一個過渡性產品，真正具有劃時代意義的通用型 8080 晶片於一九七四年研發成功了。8080 是世界第一塊通用微處理晶片。在此基礎上，Intel 公司推出了以此種晶片為核心部件的八位元電腦，售價僅為三百六十美元，而當時其他同等性能的八位元電腦價格卻高達數千美元，兩者價差之大，不可以想像。因此，Intel 公司成為該類晶片市場的領導者，而 8080 型微處理器也成了該工業部門的標準產品。這一結果，結束了電腦工業界中央處理器群雄爭霸的混亂局面。

沒過多久，眾多的電子工業企業很快從 8080 型微處理器的仿冒角色，改變為該產品的競爭對手，並引發了八位元機晶片大戰」。面對如此局面，Intel 公司以不斷創新為武器，在快速推出改進型的八位元晶片 8085 的同時，加快研發十六位元晶片 8086 以及三十二位元晶片 432。經過公司研究人員的不懈努力，8086 於一九七八年研發成功。8086 的推出，讓 Intel 公司與其他競爭對手之間拉開了一定的距離，領先地位得以穩固。

市場競爭，殘酷無情。一九八〇年，美國著名公司 Motorola

十六位元晶片 68000 突然上市，使市場出現了不利於 Intel 公司的局面。68000 晶片其運算速度比 8086 還要快，但它的管腳位置與 8086 不同，兩者不能互相通用。這就使各電腦公司面臨兩種選擇：選用 Intel 公司的 8086，還是選用速度更快的 Motorola 的 68000 晶片。這一局面的出現，使 Intel 公司陷入被動。這場競爭對 Intel 公司而言生死攸關。面對困境，Intel 公司處亂不驚。它並沒有採取降低 8086 晶片的售價策略，而是在加強了的宣傳攻勢中列舉 Intel 在推動計算機工業發展中的領潮業績，以及 Intel 重視技術創新，許諾加快產品更新改型的速度等等。這一策略取得了效果，以挑剔著稱的電腦產業出現了奇怪的現象，以 IBM 公司為首的幾大著名電腦企業沒有選擇 Motorola 速度更快的 68000，而是選擇了 Intel 的 8086 改進型 (

(8088)。美國《商業週刊》對此事發出了「輝煌的歷史也是財富」之語。Intel 公司 8086 改進型 8088 作為 IBM 個人微機 CPU 系統，最終確立了 Intel 公司微型電腦供應商的地位。

Intel 公司從一九六八年創建到一九八〇年，公司雇員從十二人增加至一萬五千人，發展速度在同類型的企業中是極為少見的。這也體現出 Intel 公司適應時代潮流，積極進取的一面。

進入一九八〇年代，Intel 公司主動應對市場的變化，並及時調整產品結構，果斷放棄動態隨機存儲市場的競爭，集中優勢研發計算機工業核心產品微處理晶片。一九八二年，Intel 公司研發出了 80286 微處理晶片，IBM 公司隨即以該晶片為基礎，推出了 PC ／ AT 個人電腦，該型電腦一度成為風行全球的 286 電腦的代表作。在 80286 晶片成功的激勵下，一九八五年，Intel 公司又和著名電腦製造商康柏公司合作，研發出了 180386 晶片，並因康柏公司推出的 386 個人電腦而受到市場寵愛。其他公司的晶片也開始染指 386 集成板，讓 Intel 的市場壟斷地位受到威脅，Intel 公司果斷出擊，於一九八九年研發推出了 80486 晶片，一種更加成熟的主機晶片。

電腦微處理晶片市場，從來就不是一帆風順。具有一定實力的企業都在極力搶占市場額，對 Intel 公司在這一領域的主導地位提出挑戰。威脅較大的主要為 Motorola 公司、MIPS 電腦公司以及國外的 NEC 公司等等。鑒於此，Intel 公司決策層認為：公司的一種新產品尚未完全占據市場，尚未完全發揮出潛力之前，公司就必須迅速研發出更新的或性能超前的新產品出來，公司及時自己淘汰自己，只有這樣才有生存之地，因為現在計算機工業的發展速度不是以年，而是以月甚至以日為其時間單位，你稍一遲疑，就會落後。

進入一九九〇年代，Intel 公司在研發電腦微處理晶片方面速度加快，繼 586 晶片推出後，又研發出奔騰中央處理器系列，發展十分迅速。Intel 公司歷來重視新產品的研發工作，一九九〇年代 Intel 以重金投入作為保證，僅 Pentium（騰奔）系列中央處理器的研究開發費用公司就先後投資五十億美元，可見其重視程度。

Intel 公司自一九六八年創建至今，發展速度極快且起點高，獲得輝煌的業績。究其原因，除了時代背景、產業優勢等因素外，堅持以科技創新來搶占商機是其發展的根本。

人類的發展史，無不與技術進步密切相關。從蒸汽機時代開始，每個時代的人都在為科學技術的發展而努力，到了今天，技術已成為不可或缺的生產力。於現代人而言，技術是一面牆，誰能打破這道壁壘，誰就能看到牆外的風景。技術是讓品牌永遠走在世界前端的一扇門，有了它，我們便可以迎來嶄新的世界。沒有技術，品牌就不復存在，人類的生活也會黯然失色。

第九節　技術「扒手」，無孔不入

現代商戰中，商業間諜們關注的一般是企業的資訊及領先技術。對於一個生產性的企業來說，經由一定方式獲取對手的領先技術從而加快自己的發展，是商戰中的借力韜略。《孫子兵法》在強調情報的獲取技巧時說：「必取於人，知敵之情者也。」

毫無疑問，企業的科學技術研究與開發情況是情報部門打聽的重點。科學技術是一項很重要的競爭因素，它一旦為你所用，對手的競爭優勢就會削弱或喪失。日本人是這方面的行家裡手。日本之所以能在競爭激烈的國際市場上獲得巨大的成功，「技術扒手」功不可沒。日本的每一家企業，每一位員工都非常珍惜市場情報資訊搜羅，日本本田公司的創始人本田宗一郎就是日本「技術扒手」中的佼佼者。

一九五四年，本田宗一郎在歐洲考察時參觀了英國倫敦世界摩托車展覽大會。他看到了世界摩托車生產和研發中的最高水準。他花掉所有的錢，買了大量的摩托車零部件，帶回日本。經過幾年的研究，本田牌兩輪摩托車以它特有的優勢，占領了世界市場。如今，本田已成為世界「摩托車之王」。

日本在戰後實現經濟起飛，像本田宗一郎一樣的一批資訊搜羅者功不可沒。經由類似的對先進技術的引進、借鑒，充分發揮大和民族傑出的模仿和創新才能，使日本與西方發達國家的技術差距縮小。至今，日本人依然視情報為企業的生命，在世界各地的大企業、研究機構內安插自己的情報人員，透過他們來獲得世界最新技術情報。日本經濟情報人員的工作不僅使日本始終在世界技術競爭中領先一步，同時也為日本節省了巨額的研究開發費用。美國企業界一直攻擊日本企業手段卑劣，但在競爭的壓力下，也紛紛建立起自己的情報部門，因為世界上絕對的公平競爭從來就不曾有過！

另外，出版業的空前繁榮使報紙、雜誌和書籍成為社會中極其重要的資訊媒介。經過分析任何瑣碎的情報都可能在關鍵的時候幫你的大忙。精明的情報人員非常重視這種情報來源。柯達公司情報部主任安妮·西葛絲經常閱讀一大堆出版物的目錄，她自己也覺得有點古怪。她最喜歡看北卡羅來納州特蘭西瓦尼縣的半週報——《特蘭西瓦尼時報》，因為一家生產醫用膠捲的競爭對手——斯特林診斷影像有限公司在那兒建了家工廠。她可以從報上的各種招聘或辭退新聞中得知該工廠的發展情況。

從利用網路到搜尋垃圾堆，情報人員所做的工作都是合法的也是必不可少的。他們花費大量時間參加各種展銷會，和證券分析人員或證券商、供應商細心地交談。利用自己敏感的情報神經，抓住每一個可能有用的資訊。他們往往能在很不顯眼的地方發現重大線索。可以說，生活中不是缺少「情報」，而是缺少發現的眼睛。

事實上，現代企業中情報部門的絕大部分情報都是靠這種途徑獲得的，無論是有關競爭者的新產品、生產成本等資訊，還是包括高級經理人員的檔案及他們制定決策的能力。

有人說：「成功的大門總是只向有心人敞開。」李嘉誠的成功就是對這句話最好的詮釋。當年輕的李嘉誠自立門戶要生產當時行情看好的塑膠花時，技術上的難題就使其一籌莫展，無可奈何之下，他想到了親自上門向國外學習新產品技術這一招。

一九五七年春天，李嘉誠揣著強烈的希冀和求知欲，登上飛往義大利的班機去考察。他在一間小旅社安下身，就急不可待地去尋訪那家在世界上開風氣之先的塑膠公司的地址，經過兩天的奔波，李嘉誠風塵僕僕來到該公司門口，但卻戛然卻步。

他素知廠商對新產品技術的保密與戒備。也許應該名正言順購買技術專利，然而，一來長江廠小本經營，絕對付不起昂貴的專利費；二來廠商絕不會輕易出賣專利，它往往要在充分占領市場賺得盤滿缽滿，直到準備淘汰這項技術時方肯出手。

那麼，長江廠只能跟在別人後頭亦步亦趨，那又談何突破？聰明的香港人善於模仿，對急於打冷門、填空白的李嘉誠來說，等塑膠花在香港大量面市後必將會遇到眾多的競爭對手。情急之中，李嘉誠想到一個絕妙的辦法。恰逢這家公司的塑膠廠招聘工人，他便去報了名，被派往工廠做打雜的工人。李嘉誠只有旅遊簽證，按規定，持有這種簽證的人是不能夠打工的，老闆給李嘉誠的工薪不及同類工人的一半，因為他知道這位「亞裔勞工」非法打工，不敢控告他。

李嘉誠負責清除廢品廢料，這使他能夠推著小車在廠區各個工段來回走動，那時他的雙眼恨不得把生產流程吞下去。李嘉誠十分勤勞，工頭誇他「好樣的」，只是他萬萬想不到這個「下等勞工」，竟會是「國際間諜」。等收工後，李嘉誠急忙趕回旅店，把觀察到的一切記錄在筆記本上。

整個生產流程都熟悉了。可是，屬於保密的技術環節還是不得而知。於是李嘉誠又心生一計。假日，李嘉誠邀請數位新結識的朋友，到城裡的中國餐館吃飯，這些朋友都是某一道工序的技術工人。李嘉誠用英語向他們請教有關技術，佯稱他打算到其他的廠應聘技術工人。

李嘉誠以眼觀耳聽，大致悟出了塑膠花製作配色的技術要領。最後，李嘉誠到市場去調查塑膠花的行銷情況，驗證了塑膠花市場的廣闊前景。

前蘇聯常常以「做一筆大生意」作為誘餌，要求美國有關公司提供技術方面的詳盡材料，其方法是讓前蘇聯「專家」到工廠進行實地「考察」，美國有些公司也是為了能在前蘇聯的大市場上爭得一席之地，也就不顧一切地滿足前蘇聯方面的要求。但前蘇聯的「專家」一旦取得了足夠的技術資料以後，就隨便找個什麼樣的藉口使交易告吹。結果美國人常常是白白地洩露了大量寶貴的技術資料，生意卻是「竹籃打水一場空」。

一九七三年，前蘇聯故意在美國放風，說要在美國挑選一家飛機製造公司，為前蘇聯建造一個世界上最大的噴氣式客機製造廠。前蘇聯生怕美國的公司不上鉤，還特地申明，如果美國的公司不行，就將這三億美元的生意讓給德國或者是英國。美國三大飛機製造公司聞訊後，紛紛私下與前蘇聯方面接觸，以積極的態度表示願意同前蘇聯鼎力合作，保證建設出一個世界一流的飛機製造廠。但前蘇聯的態度則是不冷不熱，你有千般妙計，我有一定之規。參加談判的代表變戲法般地周旋於這三家公司之間，以挑起他們之間的競爭，為獲得這筆大生意，三家飛機製造公司也競相滿足前蘇聯方面提出的各種條件。其中，波音飛機製造公司甚至同意蘇聯二十名專家到飛機製造廠參觀考察。前蘇聯人大搖大擺地到飛機製造廠隨心所欲地閒晃，滿心歡喜地帶走了上萬張照片和技術資料，甚至獲得了波音飛機製造公司製造巨型客機的詳細計畫。就在美國人焦急地等待著前蘇聯方面的簽訂合約時，前蘇聯利用波音公司提供的技術資料，設計製造出了「伊柳辛」式巨型噴氣運輸機。雖然，美國人也留了一手，波音飛機公司在提供資料時沒有洩露有關製造飛機的合金材料的祕密，可前蘇聯人卻準確無誤地用這些合金材料製造出這種寬機身飛機。原來，前蘇聯「專家」在考察波音飛機時，穿的是一種粘著力極強的特製皮鞋，鞋底能吸住從飛機部件上切削下來的金屬屑，從而獲得了製造合金材料的絕密技術。

市場上的競爭，歸根結底是以利益的獲得為目的，而獲得利益的基本途徑就是要占有市場。前蘇聯人正是利用了美國幾家公司急於占領市場的心理，以「做一筆大買賣」為誘餌，無償獲得了自己所需要的一切技術資料，包括極其寶貴的絕密資料。這種利益用金錢是無法衡量的，而美國的幾家公司因「食」占領市場的誘餌，非但沒有達成任何交易，而且失去了本來可以獲得的極大利益，這不能不說是貪「利」的惡果。

第十節　唯才是舉，提拔人才

人才是一個企業發展的決定力量。而人才的有無，取決於能否唯才是舉，提拔可用之才。

在古時候，縱橫家蘇秦在和燕昭王的談話中，論述兩種人的不同作用：一種是品行好的人。孝如曾參、孝己，信如尾生高，廉如鮑焦，當然是品行好的人。但是蘇秦認為像曾參、孝己這樣的孝子，只不過是善養其父；像尾生高這樣講信用的人，只不過是不欺騙人；像鮑焦這樣廉潔的人，只不過是不偷人錢財。還有一種是具有才能的人。這種人有進取心，想有大作為，蘇秦說他就是這種人。蘇秦將這兩種人進行對比，他認為前一種人，只是在德行上自我完善，雖然他們德行完善，卻缺乏進取心。自然無法幫助君王成就大業。

西魏大丞相宇文泰深知人才的重要。在當時動亂的年代裡，宇文泰知人善任，反對「州郡大吏，但取門資」而「不擇賢良」的做法，主張選才「當不限蔭資，唯在得人」，提拔重用了有真才實學的蘇綽等人。蘇綽，陝西武功人，才華出眾，經人推薦，擔任了行臺郎中。宇文泰經由接觸和瞭解，感到蘇綽有才學，就找了個機會把他留下來交談。過後，宇文泰對屬官周惠達說：「蘇綽真乃奇士，我將把政務委任給他。」不久，蘇綽被擢升為大行臺左丞，參與國家機密要政，越來越受到宇文泰的寵信和厚待。後來，蘇綽成為宇文泰的重要助手，幫助他大力改革官制、頒行均田制、創立府兵制，從而使西魏一天天強大起來，為北周政權的建立奠定了基礎。

唯才是舉關鍵還是舉薦人，舉薦人的品質直接影響了被舉薦人的前途。被人譽為「半部《論語》治天下」的北宋宰相趙普在宰相位幾十年，曾對北宋的建立和鞏固做出了巨大貢獻。在薦賢用人上，他也是不遺餘力。一次，趙普舉薦某人為官，宋太祖不許；第二天複薦，仍不許；第三天再薦，宋太祖大怒，撕碎他的奏章，擲之於地。趙普臉不變色，默默地跪在地上，把殘牘碎片一一拾起，然後還朝回家。第四天，他補綴好舊牘，依舊上奏。宋太祖明白了趙普的苦心，終於任用所舉之人。又一次，有幾個臣僚應當升遷，宋太祖一向厭惡這些人，不予批准。趙普卻再三請命。宋太祖很生氣，說：「朕偏不准這些人升遷，看你有什麼辦法？」趙普據理力爭，說：「刑以懲惡，賞以酬功，古今通道也。且刑賞天下之刑賞，非陛下之刑賞，豈得以喜怒專之。」宋太祖怒不可遏，起身走入後宮。趙普緊跟不舍，來到寢宮門前，恭立等候，久久不肯離去。宋太祖無奈，只得諭允其請。

趙普為了國家利益，不依君主一時好惡和個人得失，再三舉薦人才，使真正的人才得到了重用，留下了力薦舉才的美談。

現代人，比起古代更加注重發揮人的力量，優秀的管理者會以各種各樣的管道來挖掘人才。

人才是最為難得的一種資源，堪稱事業的基石。所以，成功的經營者都盡力籠絡人才。讓·保羅·蓋提（英語：Jean Paul Getty）就是其中的一位，他一旦發現了優秀的人才，就會放手讓其發揮作用。從下面一些具體事例可看出他的用人原則。

有一次，保羅以高薪聘請一位叫喬治．米勒的人。這位米勒先生是美國著名的優秀管理人才，對石油產業很內行，而且勤奮、誠實，管理企業有經驗，所以保羅以十分優厚的待遇聘請他。

保羅為了考察米勒的真正本領，在米勒到任後一個星期到洛杉磯郊外油田去視察，結果發現那裡的面貌沒有多大變化，仍然存在不少浪費及管理不善的現象，員工和機器閒置，工作進度慢。因此，該油田的費用高的問題仍然沒有解決，企業的利潤上不去。針對這些狀況，蓋提對米勒提出了自己的看法。

一個月後，蓋提又到那裡去檢查，結果發現改進還是不大，他有些生氣，很想訓斥一頓米勒。但冷靜下來後，他想米勒是有才幹的，但為什麼到任後仍沒有大的建樹呢？於是決定找他好好談一談。

雖然蓋提沒有板起臉孔說話，但言詞嚴厲，他說：「我每次來這裡時間不長，但總發現這裡有許多地方可以減少浪費，提高產量，為企業增加利潤，而您整天在這裡竟沒有發現。」

雖然沒有生氣的表情，但米勒亦不隱藏他的看法，說：「蓋提先生，因為那是您的油田。油田上的一切都跟您有切身的關係，那使您眼光銳利，能看出一切問題所在。」

蓋提被米勒的回答震動了，他連續幾天都在想著米勒這番話。他想，人的行為動機、動力和利益是密切相關的，利益連接著動機。動機和利益一致了就會產生動力。因此，蓋提決定在用人上作一項大膽的嘗試。他再次找米勒商談。見面後他直截了當地說：「我打算把這片油田交給您，從今天起我不付給您薪水，而付給您油田利潤的百分比；這正如您所明白的，油田愈有效率，利潤當然愈高，那麼您的收入也愈多。您看這個做法行不行？」

對於蓋提的建議，米勒覺得確實能調動屬下的積極性，對自己雖然是個壓力和挑戰，但亦能展示自己才幹並謀求發展，於是欣然接受了。從那一天起，洛杉磯郊外油田的面貌逐漸得到改觀。由於油田的盈虧與米勒的收入有切身的關係，他對這裡的一切運作都精打細算，對員工嚴加管理。他把多餘的人員遣散了，讓閒置的機械工具發揮最大的效用，把整個油田的作業進行一環扣一環的安排和調整，減少了人力、物力等方面的浪費。他自己也改進了工作方法，幾乎每天都要去工地檢查和督促工作，不再長期坐在辦公室只看報表。

蓋提在兩個月後又去洛杉磯郊外油田觀察，這回他高興極了，這裡已找不著有浪費的現象了，產量和利潤都大幅度成長。這次嘗試，使米勒的潛能得到發揮，收入也增加了，而蓋提探索出一條用人之道，收入更是呈等比級數的成長。

對人才的舉薦和提拔，可以讓企業快速發展起來，企業強大，品牌自然也會隨之有更好的發展。因此，用好人對品牌的發展同樣產生深遠影響。

第十一節　將人才從人群中選出來

「千里馬常有，伯樂不常有」。從古至今，人才的重要性都是不言而喻的，在芸芸眾生中，如何將人才從人群中選出來，就成為重中之重。

清朝時，杭州有個商人叫石建，他認為經商依靠的是天時、地利、人和，而在這三者之中，又以人和最為重要。於是，當他決定擴大經營規模時，首先想到的是招聘一位好幫手。怎樣才能找到理想中的人選呢？石建想了一個妙招。他先貼出一張布告，說明本店招收徒弟，並列舉了具體條件。

經過一番考察，石建確定了三個面試人選，說好三者取其一。到了面試這天，三位候選人一進門，石建便安排他們到廚房去吃飯，然後再面談決定誰留下。

當第一個面試者飯後來到店前時，石建問他：「吃好了沒有？」回答說：「吃飽了。」又問：「吃什麼呢？」回答說：「餃子。」再問：「吃了多少個？」回答說：「一大碗。」石建說：「你先休息一會兒。」

第二個面試者來到了店前，石建問：「吃了多少餃子？」回答說：「四十個。」石建也叫這個人到旁邊休息一會兒。當石建以同樣的問題考問第三個面試者時，他這樣回答：「第一個人吃了五十個，第二個人吃了四十個，我吃了三十個。」聽了這番回答，石建當場拍板將第三個人留下。

石建為什麼要留下第三個人呢？他認為第一個人頭腦不靈，

只管吃，不計數；第二個人只記自己，不管他人；第三個人，既知自己，又能注意觀察別人，而這一點正是生意人必須具備的眼觀六路、耳聽八方的潛能。果然，第三個人被雇用後精明能幹，有頭腦會經營，很快成了石建的得力助手。

一個人才若要在工作中展現才華，打開自己的市場，發揮自己的才能優勢，為公司創造利潤必須給他一個競爭的環境。

如何識別好人才？答案是：

1. 為人才提供合適的職位，讓他們充分發揮自己的才能。

2. 人才不能亂哄哄擠成一團，必須引導他們有序公平競爭。

3. 建立一套科學的績效考核和獎勵評估系統。

4. 為人才安排一連串有挑戰性的工作。

5. 人才需要向有才能的同事和上司學習。

聯想集團是中國最大的電腦產業集團。和每個企業的成長歷史相類似，聯想集團也經歷了從初創、成長到成熟的幾個發展階段。

隨著聯想集團發展規模越來越大，聯想領導層也越來越認識到人的作用，於是他們積極為那些努力上進並勤奮有為的年輕人搭建一個展示才華的舞臺。今天，聯想集團管理層的平均年齡只有三十二歲，如楊元慶、郭為、陳國棟，都正值三十多歲的英年時期。

從一九九〇年開始，聯想就大量提拔和使用年輕人，幾乎每年都有數十名年輕人受到提拔和重用。聯想對管理者提出的口號是：

你不會授權於人，你將不會被重用；

你不會提拔別人，你將不會被提拔。

聯想有一個制度，自一九九四年起，每年的三、四月間都要進行組織和業務結構的重新調整。在調整過程中，對管理模式和人員都要做大的變化。之所以做這番調整，就是希望為員工提供盡可能多的競爭機會。在工作中嶄露頭角的人才能脫穎而出，而那些故步自封、跟不上時代變化的人就會被淘汰。這種做法，就是讓人才在有序的競爭下，挑選出更適合的人才。

王嘉廉曾對美國組合國際進行澈底的重組，以發現最有價值的人。一九七六年，王嘉廉創立了美國組合國際電腦股份有限公司，並出任公司的首席行政總監。

王嘉廉有一句名言：如果五個工程師在一起卻無法開發一個軟體，那就去掉兩個最差的。他認為良好是通向傑出的障礙。如果做不到傑出就不可能有更大的成就。

發現最有價值的人是公司進行重組的關鍵。許多公司採用刻板的一成不變的員工評估方式。在這種一至五等的評估中，大家都是一般人才。什麼人最好呢？不知道。組合國際把員工分成不同的等級：他是該組最頂尖的，他名列第二，他是老三，如此類推。這樣才體現出了最好。

剛開始時，這種分級難以定奪。但一經決定，它就可以為許多重大問題的正確決策提供很好的素材。決策與人才唇齒相依。一件非常重要的工作，必須選出最佳人選去做，才能創造出更大的利益。

如果最好的人跟不如他的人擁有同等機會，誰還會認真工作？有什麼必要再付出努力？只有把員工分成等級，才能使最好的人才奮力向前。也只有以這種分級，王嘉廉才可以管理、經營好組合國際這樣大（約八千人）、這樣多種經營（開發、銷售並維護上千種軟體產品）、這樣分布廣泛（全球有一百多個主要辦事處）、這樣動態十足的企業。

其實重組很簡單。因為人是公司的生產性資產，組合國際要重造其系統，最有效地利用這種資產，唯一的局限就是其現有的產品庫。他們必須得把這些產品銷售出去。

根據零基預算（Zero Base Budgetting Z.B.B.）的概念，王嘉廉提出了「零基思維」思想。零基預算假定公司正在做的都是應該做的，而零基思維則要決定公司該做什麼，然後才能開始分配資源和利潤。

如此一來，王嘉廉不再需要根據其現有資產發展組合國際，而是對資產重新進行部署，開創新的目標。確定組合國際的發展方向，新的市場，哪些產品可以與其他產品結合起來開發超級產品並預計競爭對手的策略，對這一切活動定出先後主次。然後，在黑板的另一邊寫上：人才，這是很重要的資產。

他是這樣描述他的做法的：「我先按輕重緩急列出各項活動，然後在黑板的另一邊寫下我的種子選手；接著，再給任務和人配對，一號明星參加頭號重點專案。這其實挺簡單。」

從人群中將真正的人才選出來，安置在合適的位置上，不但可以讓其找到自己的價值，同時，還可以為企業的強大鋪路。俗話說：「強將手下無弱兵」，要想讓一個企業，一個品牌在市場競爭中占據優勢，身為管理者就要擅於發現人才，用敏銳的目光看到人才隱匿的光芒。

第十二節　包容心可真正留住人才

南宋戴復古在《寄興》詩中寫道：「黃金無足色，白璧有微瑕。求人不求備。」金無足赤，人無完人，任何人才都不可能十全十美。一個人的功績必有不全面的地方，能力必有不能勝任的地方，才能必有不足夠的地方。既然人無完人，那麼，企業管理者對人才也不應求全責備。

美國南北戰爭時，有人告訴林肯總統，說他新任命的總司令格蘭特將軍嗜酒貪杯，難擔大任。林肯卻說：「如果我知道格蘭特將軍喜歡什麼牌子的酒，我就會送若干桶給他和其他的將軍們。」林肯當然知道貪酒可能誤事，但他更知道格蘭特將軍是當時北軍所有將軍中最有才能的，只有他才能運籌帷幄，決勝千里。事實上，對格蘭特將軍的任命成了南北戰爭的轉捩點。

這確實是一次有成效的任命，證明了林肯的用人政策，是在於求其人之所長，而不是在於求其人為「完人」。這個用人之道是林肯經過多次教訓才學會的。在任命格蘭特之前，林肯曾經接連任命過三四位將軍，任命的標準是追求所用之人沒有嚴重的弱點。而選用這些人並沒有得到想要的結果，儘管北軍在人力或物力方面都占極大的優勢，戰爭卻沒有任何的進展。

從唯物論來說，人是不可能沒有弱點的，只是他們表現出來的弱點大小不同，明顯不明顯而已。在這個世界上沒有人會在各方面都是突出的。用整個人類的知識、經驗和才能來衡量，即使是最偉大的天才也是完全不合格的。世界上沒有「完人」這回事，只是有些人在某一方面顯得比別人「能幹」一些罷了。

領導者對人才短處或過失的刻意注重，會導致其對人才的認識不全面，甚至對人才造成傷害。歷史上不少賢才之所以蒙冤，都是由於「領導」喜歡追究小過，如司馬遷只不過為李陵說了幾句公道話，卻被漢武帝處以宮刑，使他遺恨終生。蘇軾因對朝政有意見而寫幾首諷喻詩，卻蒙「烏臺詩案」之冤，下半生都被貶逐，過著顛沛流離的生活。在歷史上，因皇上苛求小過，居心叵測的小人就趁機落井下石，極盡其吹毛求疵之能事加以誣陷，賢才因此而遭到迫害。

有成效的領導者從來都不問這樣的問題：「他和我相處得怎

樣？」而時常會這樣考慮：「他做出了什麼貢獻？」他們也從來不這樣問：「他不能做些什麼？」卻常會這樣考慮：「他在哪方面做得出奇的好？」他們用人的原則只是尋求有某一方面特長的人，而不是在各方面都很在行或大致上過得去的人。

知人用人，使他能在工作中發揮才能，這是理所當然的。因為所謂「完人」或者「成熟的個性」，其含義實際上都只不過是忽視了人的最特殊的天賦 —— 盡其所能於某一項活動、某一個領域、某一種工作中的能力 —— 我們不能要求一位物理學家（即使他有愛因斯坦那樣的天才）在遺傳學（或心理學、醫學等等）方面有同樣傑出的成就。人的長處只能在某一個方面有所成就，頂多是在極少的幾個方面達到「卓越」的境地。如果你總是想方設法去對付手下人的弱點，結果必然使工作受到影響，品牌發展也會因此而受到限制。

第八章　品牌的市場決定下場

市場是品牌的主宰，品牌之所以有大小之分是經過市場篩選的結果。強大的品牌對市場的適應能力更強一些，它們更能清楚自己在市場中的地位，明白怎樣做，才能得到市場的另眼相看。

品牌的市場決定品牌的存在，因此，在品牌運作過程中，切不可忽視市場，一味的想當然，會讓品牌在產生之處就走向絕路。找好市場，才能讓品牌得以生存和發展。一個品牌需要在市場中有地位，就要對市場進行認真研究，唯有如此，品牌才能在市場中生存下去。

第一節　從縫隙中找市場

這個世界沒有不透風的牆，任何看似完美的存在，都有著縫隙可尋，品牌市場也是如此。有人在做生意前，對市場進行預測，認為市場已經飽和。在這個結論的作用下，放棄原有的想法，令自己的成功之路，在起步時便夭折。

其實，市場有許許多多的空隙，就看你能不能找到。縫隙市場最大的好處就是可以有效減少競爭。如何找到這個市場，以下幾點可以給我們一些提示。

首先，要從差異性入手去尋找市場的空隙。供求差異就是企業的商機。在市場經濟條件下，宏觀供求總是有一定差異的，這種差異正是企業的商機。公司的負責人必須把握市場的供求差異，才能找到縫隙市場。

1. 市場需求總量與供應總量的差額

市場需求總量與供應總量的差額就是企業可以捕捉的商機。假如城市家庭中洗衣機的市場需求總量為百分之百，而市場供應量只有七成，那麼，對企業來說就有百分之三十的市場機會可供選擇和開拓。

2. 市場供應產品結構和市場需求結構的差異

市場供應產品結構和市場需求結構的差異也為企業提供了商機。產品的結構包括品種、規格、款式、花色等，有時市場需求總量平穩，但結構不平衡，仍會留下需求「空隙」，企業如果能分析供需結構差異，便可捕捉到商機。

海爾就曾巧妙地填補供需結構空間的需求「空隙」。幾年前，海爾總裁張瑞敏出差去四川，聽說洗衣機在四川銷售受阻，原因是農民常用洗衣機洗地瓜，排水口一堵，農民就不願用了。於是，張瑞敏要求公司的相關部門根據農民的需求，開發出一種出水管子粗大，既可洗衣又可洗地瓜的洗衣機。這種洗衣機生產出來以後，在西南農村市場很受歡迎。

3. 消費者需求層次的差異

消費者需求層次的差異也為企業提供了發展的機遇。消費者的需求層次是不同的，不同層次消費者的總需求中總有尚未滿足的部分。有的收入極高而社會上卻沒有可供消費的高級商品或服務；有的則消費水準過低而社會上卻忽視了他們需求的極低檔商品。企業運用需求層次的差異，便可進一步開拓市場。

其次，要在市場的「邊邊角角」上做文章。邊邊角角往往易被人忽視，而這也正是企業可以利用的空隙。企業，尤其是小型企業，要充分發揮靈活多變、產品更新速度快的特點，瞄準邊角，科學地運用邊角，做到人無我有，人有我新，以合理的經營，增強自己的競爭實力，最終達到占領目標市場的目的。

有這樣一個例子：

日本東京有家面積僅為四十三平方公尺的不動產公司。一次，有人向這個公司推銷一塊幾百萬平方公尺的山間土地。對這塊土地，其他不動產商誰也不感興趣，因為那塊地人跡罕至，亦無任何公共設施，不動產價值被認為是零。然而，這家公司老闆渡邊卻認為，城市現在已是人擠人了，回歸大自然將是不可遏制的潮流。

因此，他毫不猶豫地拿出全部財產，又大量借債將地買了下來，並將其細分為農園用地和別墅用地。之後他大做廣告，其廣告醒目、動人，圍繞山地青山綠水、白雲果樹展開宣傳，抓住了都市人嚮往大自然的心理，結果不到一年，土地就賣出了八成，淨賺了五十億日元。

渡邊的成功正是因為他抓住了別人不屑做的「邊角」生意。正如他所說：「別人認為千萬做不得的生意，或是不屑做的生意，這種生意往往隱藏著極大的機會。因為沒有人跟你競爭，所以做起來就穩如泰山，鈔票就會滾滾而來。重要的是，要捕捉住機會。」

每個企業都有它特定的經營領域。比如木材加工公司所面對的是家具及其他木製品經營領域；廣告策劃公司所面對的是廣告經營領域。對於出現在本企業經營領域內的市場機會，稱之為產業市場機會；對於在不同企業之間的交叉與結合部分出現的市場機會，稱之為邊緣市場機會。

一般來說，企業對產業市場機會比較重視，因為它能充分利用自身的優勢和經驗，發現、尋找和識別的難度係數小，但是它會因遭到同產業的激烈競爭而失去或降低成功的機會。由於各企業都比較重視產業的主要領域，因而在產業與產業之間有時會出現夾縫和真空地帶，無人涉足。這些真空地帶比較隱蔽，難於發現，需要有豐富的想像力和大膽的開拓精神。這樣的市場一旦找到，發展前景樂觀，在此基礎上建立起的品牌也將得到更多關注的目光。由此可見，縫隙市場對剛剛起步的品牌而言是十分有利的。

第二節　做好市場調查，開闢潛在市場

「知可以戰與不可以戰才勝。」這是《孫子·兵法》預知勝利的方法之一。對於一個企業，一個品牌來說，勝利的關鍵就是要做好市場調查，只有瞭解潛在市場，才不會栽跟頭，品牌之路才能越走越順暢。

黃友平高中畢業，承包了門市部賣彩色電視機，開始了自己的創業生涯。後來，他又成立了武漢電工儀錶廠器材成套部，賣儀錶、電纜等電工設備。他直接把上游供貨廠商的產品請到店裡，解決了供貨問題；又以建立信譽、培養感情來解決市場問題。

黃友平十分重視商業情報。一九九二年的一天晚上，新聞聯播播出三峽工程開工的消息。第二天，黃友平做出重大決策，把器材成套部開到宜昌去。後來，他和朋友成功攻下宜昌市場。

一九九三年，當溫州人開始在武漢瘋狂搶占市場的時候，黃友平沒有急於在本地擴張，一股腦地跟著進入市場，而是選擇了

進軍西部市 —— 廣西柳州。柳州分公司開業時，黃友平把當地大企業全請到現場，經由與這些大企業的合作，很快打開了市場。

但是，黃友平在生意最順的時候栽了一個大跟頭。當時，雖然他的電工設備生意仍然很有熱度，但利潤已經薄了很多，市場競爭也更趨激烈。黃友平認為，必須趁早轉型，做出實體。

於是，他投入鉅資代理了美國一個汽車節能產品，到全省各地公關，並大廣發試用，歷時三年，投入上百萬，效果卻是微乎其微。二〇〇一年，他又投資幾十萬搞娛樂城，再次失敗，最後把自家的房子都抵押出去了。

那麼，究竟是什麼原因讓黃友平遭遇了滑鐵盧呢？歸結到一點，就是沒做市場調查。調查，是決策的前提，沒有準確的市場調查，一切都無從談起，再大的投資也會打水漂。

俗話說，沒有調查就沒有發言權。在經營市場的過程中，需要做好市場調查，才能有針對性地調整經營方式去適應變化多端的市場風雲。現在，市場競爭非常激烈，硬性競爭只能導致兩敗俱傷。一些精明的商家巧妙地避開硬性競爭，採取柔性競爭策略，在買方市場中做起賣方市場的生意來。之所以能夠做到這一點，就是經由市場調查，尋找市場的盲點，從而開闢出新的經營之路。

一家生產皮裝的企業，經過市場調查發現一個市場盲點。在許多人都穿上皮裝的今天，仍有不少特異身材的人，因為沒有合適的皮裝而抱憾多時。於是，他們以這一市場盲點為商機，研發了特肥、特長、雞胸、駝背等特異皮裝，還登報宣傳，為特異身材者提供來人來函定做服務。消息一經傳出，生意便絡繹不絕。

由此可見，企業要想更好地開闢經營之路，品牌要想在市場中占有一席之地，就要注重市場調查研究和經驗總結。企業在經營過程中，不可避免的要犯錯誤，要經歷挫折和失敗，也要經歷市場低谷和市場危機，但是這些企業成長必經的過程對於經營者來說，同樣是進行管理實踐的一個好時機，管理者正是在企業的發展過程中，找到了適合企業自身發展的市場。

在中國的速食業中，馬蘭拉麵是比較成功的企業。它借鑒了西方成功經驗，認真研究了中國獨特的消費、生活習慣，由此找到了最符合自身發展的市場規律。在西方速食進入中國市場之後，馬蘭拉麵充分挖掘了現有市場競爭中的空白點，打破了西方速食消費程度偏高、不完全符合中國人口味的缺點，努力發揮自身優勢，為其快速發展奠定了堅實基礎。馬蘭拉麵在中式速食屢次在洋速食面前敗下陣來的慘痛經歷中，認真分析了中式速食的癥結，做到了技術標準化、配方科學化、生產工業化和規範化，並樹立了自己獨特的品牌形象。馬蘭拉麵憑藉著標準化管理和連鎖經營模式，迅速贏得了人們的喜愛，形成了自己的規模優勢，適應了中國人的需求。

企業經營者要注重對市場進行調查。調查研究可以是對形勢的瞭解，對環境的勘察，對競爭對手的試探。根據某些資訊，對自身各種情況進行綜合分析，只有這樣才能制定出最佳的經營策略。

市場調查是一門研究市場需求變化發展規律的科學。從某種意義上講，能否做好市場調查是公司主動出擊成敗的關鍵。

經由市場調查，在分析市場競爭形勢與消費者的需求後，常常可以發現機遇，而這些機遇就為品牌的穩固，提供了外在條件。

第三節　沒有調查就沒有發言權

華人喜歡主觀去判斷一些事物。從好的方面來講，擅於思考是種好習慣，但從另一方面講，武斷往往是錯誤的根源。在沒有調查的情況下，最好對發言有所保留，這樣才能做到言之有物，讓人產生信任。

做人做事如此，品牌的發展也是如此。品牌是企業發展的根本所在，而品牌是由市場決定的，在品牌走向市場之前，就要做好前期的市場調查，唯有如此，品牌的發展之勢才會越來越強。

世界著名的 adidas 企業創始人阿道夫．達斯勒於一九七八年過世，這也許是 adidas 攻勢減弱的原因之一。但他過世後，管理權的移交很平穩，而當時它的市場卻被 NIKE 公司蠶食了不少。那麼，究竟 adidas 被對手超過的原因是什麼？它的失誤在那裡？

專家分析認為，adidas 的致命失誤是：面對 NIKE 公司及其美國同行日益成長的實力和市場形勢的巨大變化，它沒能與市場緊密協調，沒有對需求量和競爭因素進行更好的調查。許多案例表明，必須按一定的計畫，對市場進行廣泛地調查研究，才能得到客觀的資訊。精明的企業管理者應當經由最接近市場的系統回饋，對最新商業雜誌上的統計數字和記事緊密跟蹤，從而掌握新的變化情況，並且運用市占率和發展趨勢等資料，來進行系統的監測，控制市場形勢和競爭形勢。只有經由有效的調查和分析，企業才能在市場中取得話語權。

我們知道，銷售預測具有重要作用，因為它是所有計劃和預算工作的出發點。當市場變化反覆無常、成長極快時，公司就會面臨風險性極大的選擇：到底應採取樂觀對策還是保守對策呢？

如果採取保守對策，那麼市場一旦開始繁榮，公司就會因沒有足夠的生產能力和銷售人員，面臨不能滿足市場需求以及不能充分擴大人力物力應付市場潛力的危險，其結果必然是放棄很大一部分日益成長的市占率，使競爭者受益。

可另一方面，企業經營者也要清晰判斷這種需求上升是短期現象，還是較為持久的形勢，因為一個公司在不斷上漲的生意中，很容易讓自己的生產過度膨脹，造成生產過剩，從而危及公司的生存。

如果一家公司以極端不穩定的狀況為依據組織生產，就應仔細對照檢查實際經營效果與銷售預測，根據實際銷售狀況來對銷售預測進行上下調整。

無疑，adidas 低估了跑鞋市場上的成長情況。這家擁有四十年製鞋歷史的公司，在過去幾十年間看慣了市場的穩定低速成長，面對一時的「繁榮」局面，自然會懷疑這種局面是否持續很久。adidas 對市場機會的判斷失誤並不是唯一的，在這場向市場推出新式運動鞋和革新製鞋工藝的競爭中，好幾家歷來以經營低價運動鞋見長的公司，都在不知不覺中被人迎頭趕上。他們嚴重低估了市場潛力，對擴大生產組織銷售等工作下的力氣也不大，直到被 NIKE 公司和其他一些新興的美國製造商遠遠甩在後頭時才如夢初醒，但為時已晚。

正如上面幾段資料所討論的那樣，為了使經營適應市場迅速成長的需要，也為了利用現有的市場機會，在制訂計畫和準備工作中，銷售預測工作的確至關重要。一家公司的各方面經營工作，例如生產計畫、設備工具、商品存貨、銷售人員和廣告工作，都必須以對未來階段的銷售預測為根據。可是銷售額一旦超過預定計劃，公司新的銷售預測工作就極為關鍵了。很明顯，adidas 除了低估市場潛力之外，也低估了 NIKE 公司和其他美國製造商的攻勢，這也許是 adidas 敗給 NIKE 公司的重要原因。然而，外國公司在許多生產線上都具有中國公司所沒有的神祕和吸引力。那麼，白手起家的小小美國製造商，面對具有四十年歷史，經驗豐富的 adidas，又是如何形成強大威脅力量的呢？

NIKE 公司看準機會抓不放，發起不斷的攻擊，這是它比其他製鞋公司略高一籌的地方。在很大程度上，這種事件的發生是 NIKE 公司的驕傲，也許不是 adidas 的失誤。但是，對 adidas 在 NIKE 公司攻勢下作出的努力，仍有值得懷疑的地方，難道他不應該保持更高的警惕性嗎？特別是在這種極容易進入競爭性極強的產業之中。

誠然，adidas 是無法阻止別的公司進入這個領域的，無論是從技術要求還是工廠投資費用上看都是這樣，但是，在市場以等比級數成長的情況下，作為製鞋業的領先者，adidas 應當看到這種產品容易引起競爭，並應主動採取行動來阻礙這種競爭的發生，它可以採取一些措施，例如加強推銷工作、引進新產品、加強研究和開發工作，精心籌畫價格策略、不斷擴大推銷管道等等。也許這些行動無法阻止競爭的加劇，但卻可以給自己提供雄厚的力量，使自己在未來的激烈競爭中減少損失，多一份勝算。但 adidas 直至自己的統治地位受到嚴重侵害時，才採取進攻性的反擊行動，未免為時過晚。

NIKE 公司獲勝的原因很多，例如，他對銷售工作的革新進行研究；它發現了其他任何人都沒有看到的銷售機會；在推銷和廣告宣傳方面，它花費的資金比運氣不佳的對手多得多。但是，卓有成效的仿效，卻是 NIKE 公司成功的關鍵因素。

仿效不是輕而易舉的事，必須審慎而行，首先應當選擇那些最行之有效，在歷史上取得重大成就的策略作為被仿效對象。在跑鞋市場上，NIKE 公司長期施行這樣一種市場策略：生產多種型號的鞋，不斷更換新產品，讓運動員穿用帶有公司標誌的產品出現在重大體育競賽當中。這些市場策略幾乎是鐵的規律，沒有哪家跑鞋製造商不遵循這一策略，但卻沒有一家公司做得比 NIKE 更好。

仿效並不意味著自己的產品與別人的完全相同。真正應該仿效的是那些成功的決策、標準和行為，作為一個獨立的公司，發揮自己的個性是最重要的。在仿效別人時也不能忘記這一點。必須充分發展自己與眾不同的獨特的個性特徵和標記。為了抓住各種新機會，相應的組織機構及管理部門的建立也是必要的。

所謂市場優勢和在市場上占據第一位，我們可以從這個案例中看到，是非常脆弱的。市場是變化的，機遇對眾多的競爭者一視同仁，不管一家公司在市場上占據怎樣領先的地位，如果它只依賴名聲而無視外部環境的變化和強大對手的攻勢，命運是可悲的。adidas 在製鞋業中一度居於領先地位，就如國際商用公司在電腦產業中的地位一樣，但在關鍵時刻卻放鬆了警惕，從而減弱了自己的攻勢。沒有及時對市場進行調查，讓 adidas 失去了優勢，從而讓對手跑在了前面。

跑在前面的人很容易自大，這是我們從這裡看到的情況所表明的，原始需求急劇成長，公司也就刀槍入庫，馬放南山，警惕性下降，adidas 這位製鞋業領導者的銷售額迅速上升，這種形勢導致了自滿自足情緒的產生。但是，銷售額迅速上升的表象後面，都可能掩蓋著市場占有率下降的趨勢。競爭者正在侵奪這個公司在市場中的統治地位，取得巨大利益，最終使別的競爭者獲得了優勢，先前的優勢者也許就很難東山再起再奪優勢了。一個公司的錯誤也許就能造成另一個公司的成功，因此，找市場是個技術，一不注意，就會讓自己品牌的優勢在瞬間跌落。做好調查再發言，是保證品牌穩定且快速發展的前提。

第四節　資訊就是黃燦燦的金子

商戰中，資訊就意味著商機，資訊就是我們做生意的基礎。誰善於觀察、捕捉資訊，誰就容易成功。現在，我們身處資訊時代，資訊就是我們創業的基礎。所以，捕捉資訊，就是商戰成功的策略之一。

金娜嬌，京都龍衣鳳裙集團公司總經理，下轄九個實力雄厚的企業，總資產已超過億元。她的傳奇人生在於她由一名曾經遁入空門、臥於青燈古佛旁、皈依釋家的尼姑而涉足商界。也許正是這種獨特的經歷，才使她能從中國傳統古典中尋找到契機，她那種孜孜追求的精神才讓她抓住了一次又一次創業機遇。

九九一年九月，金娜嬌代表新街服裝集團公司在上海舉行了隆重的新聞發布會。在往南昌的回程列車上，她獲得了寶貴的資訊。在和同車廂乘客的閒聊中，金娜嬌無意得知，清朝末年一位員外的夫人有一身衣裙，分別用白色和天藍色真絲縫製，白色上衣繡了百條大小不同、形態各異的金龍，長裙上繡了百隻色彩絢麗、展翅欲飛的鳳凰，被稱為「龍衣鳳裙」。金娜嬌聽後欣喜若狂，打聽下得知員外夫人依然健在，那套龍衣鳳裙仍珍藏在身邊。虛心求教一番後，金娜嬌得到了「員外夫人」的詳細住址。

這個意外的消息對一般人而言，頂多不過是茶餘飯後的閒談罷了，有誰會想到那件舊衣服還有多大的價值呢？知道那件「龍衣鳳裙」的人不在少數，但為什麼只有金娜嬌才與之有緣呢？

用上帝偏愛金娜嬌來解釋顯然沒有道理。重要的在於她「懂行」；在於她對服裝的潛心研究；在於她對服裝新品種的渴求；在於她能夠付諸行動。

金娜嬌在得到這條資訊後馬上改變返程的主意，馬不停蹄地找到那位年近百歲的員外夫人。作為時裝專家，當金娜嬌看到那套色澤豔麗，精工繡製的龍衣鳳裙時，也被驚呆了。她敏銳地感覺到這種款式的服裝大有潛力可挖。

於是，金娜嬌來了個「海底撈月」，毫不猶豫地以五萬元的高價買下了這套稀世罕見的衣裙。機會抓到了一半，開端比較順利。把機遇變為現實的關鍵在於開發出新式服裝。回到廠裡，她立即選取上等絲綢布料，聘請蘇繡、湘繡工人，在那套龍衣鳳裙的款式上融進現代時裝的風韻。工夫不負有心人，歷時一年，設計試製成當代的龍衣鳳裙。

在廣交會的時裝展覽會上，「龍衣鳳裙」一炮打響，海內外商客潮水般湧來訂貨，訂貨額高達億元。

就這樣，金娜嬌從「海底」撈起一輪月亮，她成功了！從中國古典服裝出發開發出現代新式服裝，最終把一個「道聽塗說」的消息變成一個廣闊的市場。

在商戰中，資訊就意味著商機，搶得商機，就能先發制人。具有驚人的敏銳目光，能夠抓住重要的資訊的經營者才能獲得成功。下面的這位女企業家，也是靠資訊打造成功的。

「要說創業經歷和致富祕訣，最大的體會是必須獲得可靠的情報……」永盛孵坊老闆娘陳小英這樣說。陳小英是遠近聞名的「鴨司令」，做生意十一年來，事業蒸蒸日上，近年來年銷售苗鴨超過兩百萬隻，成為致富能手。

在孵坊，十多隻大型木質「孵化箱」格外引人注目。從箱子小窗看去，只見黃澄澄的燈光下，一隻隻毛茸茸的小苗鴨正破殼而出，發出吱吱的聲音。陳小英的企業是一個集種鴨養殖、種蛋孵化、苗鴨銷售為一體的孵坊基地。苗鴨如果二十四小時內銷售不出去，就活不了多久，因此，建立「情報網」比什麼都重要。她必須在最短時間內知道哪些地區需要苗鴨，哪些地區銷售價格最高……十一年前，陳小英最初做養鴨生意時，就開始構建自己的「情報網」。主要是散布在浙江、安徽、蘇北等地苗鴨市場的生意人，在著名的浙江桐鄉烏鎮苗禽市場就有好幾位。陳小英經常到各地走訪，聯繫溝通感情。「每週至少電話聯繫一天，每趟至少聯繫七八個人，然後對他們提供的資訊進行分析，判斷最新市場動態、走向，最後就是決策。這麼做，可避免虛假資訊，獲得準確情報……」陳小英說。

商機往往可遇而不可求，一旦來了又常常稍縱即逝。一九九四年春天，多位線人反映，市場成鴨銷量旺盛，苗鴨價格開始攀升。她對眾多情報評估後，立即對自己的孵坊進行評估，結果發現要保持孵化設備全力運作，種蛋有些供應不上。陳小英當即以每公斤近三十元的價格購進種蛋進行孵化，確保孵化總量上揚。苗鴨市場價格急劇上漲，由前期的每隻一元多人民幣漲至六元人民幣，永盛孵坊取得了前所未有的收益。

不久，又是「情報網」救了企業。她得知，大量的外地企業紛紛轉行，辦起了孵坊。「苗鴨市價肯定會跌！」陳小英乾脆減少產量，自己當起苗鴨經紀人，為那些新孵坊「牽線」做生意。果然，一九九五年苗鴨價格暴跌，一度跌至每隻五角，一些小型孵坊失敗了，紛紛退出這一領域。永盛孵坊則抓住機遇，低價收購這些孵坊設備，做大規模。

一次次情報帶來的成功，增強了陳小英的創業信心。企業擴大規模後，她每天清晨四五點鐘起床，清掃、收蛋、裝苗鴨。企業要發展，光有勤快還不夠，產品品質和技術程度必須提高。「永盛」種鴨基地引進了櫻桃谷種鴨，她從「情報網」得知，這一品種種鴨雖然長得快、肉多味美，但腿短身重，在高低不平的地上行走易骨折。陳小英和同伴硬是搬來幾萬塊磚。鋪出六百多平方公尺的運動場，讓這些種鴨健康成長。

近幾年來，孵坊先後遭遇 SARS，禽流感衝擊，陳小英憑藉自身「情報網」克服種種困難，雖然做出一定犧牲，但保存了基本實力。如今，她的企業成為當地規模最大的孵坊之一。陳小英在商場上打拼成了一名成功的女企業家。

做生意如上戰場，掌握情報就等於掌握了商機，掌握了情報就等於手握黃金。作為商業經營的領頭人 —— 老闆，一定要培養敏銳的洞察力，這就需要我們平日要多加留心身邊的各種事物。光有資訊還不夠，還要對資訊進行具體的分析，這樣才能得出正確的結論，做出正確的選擇。

兩位女企業家的成功給我們每一個公司的老闆帶來一些啟發。商界競爭能否取勝，關鍵是能否掌握市場訊息。其實資訊隨時都會產生，只要我們具備一種洞察資訊的嗅覺足矣。一個精明的商人是不會放過任何一點有用的資訊的，因為他知道，一點點資訊的錯失，就會讓他的品牌兵敗如山倒。

第五節　細分市場，小市場大利潤

俗話說，「有心遍地財」。處處留心，處處有商機；事事在意，隨時可發財。可以說在任何市場、任何時間，都有頗多的市場等著有心之人去發現和挖掘，這對於任何品牌來說，都是機遇與挑戰並存，希望和困難同在。

一個市場往往可以細分為多個小市場，公司自對市場的細分，可以從中發現未被滿足的市場，從而捕捉到發展的商機。

北京的名牌肉雞——華都肉雞，化整為零，經過「分段」計價闖市場，一隻雞賣出了三隻雞的好價錢。具體地說，北京華都肉雞聯營公司一改過去整雞整賣的傳統行銷方法，採取細分割、拆件等方式加工成兩百零五種規格不同的雞塊，其中一百二十種已「分段」計價出口到二十多個國家和地區。

華都肉雞聯營公司當初是怎麼考慮的呢？原來，該公司經由市場調查發現，不同地域、不同國籍的肉雞消費者各有偏好，因此就來個分別對待。例如：雞腿肉大量出口日本，賣價不菲；雞胸肉則是歐洲菜烹製美味佳餚的主要肉食之一，大量出口到瑞士等歐洲國家；而雞翅膀、雞內臟一直熱銷於中國市場。

除了細分割、拆件賣，華都的「精營」還體現在對分割後的肉雞進行精、深、細加工，採取最高衛生標準，運用肉雞熟食加工最新技術，實現了從冷凍整雞、分割冰鮮雞到熟化雞分割拆件出口的「三級跳」。並由開始的粗分到現在的細分，對肉雞的腿、胸、翅根等再細分出許多產品，如雞翅膀便再分解為翅中、翅根、翅尖、脫骨翅中、翅中半切、蝴蝶翅等十多個品種規格……

如此「精營」，哪有虧損的道理？

在市場中，不同的消費者有不同的欲望和需求，因而也就有不同的購買習慣和行為。正因為如此，企業經營者可以把整個市場細分為若干個不同的子市場，每一個子市場都有一個有相似需要的消費群體。

從某種意義上來說，企業的老闆如果只把自己當做做買賣的商人，而不把自己視為管理哲學家、社會文化學家，那就永遠成不了氣候。成功公司的機遇也許並不完全一樣，但是，在如何「精營」這個出發點上卻有驚人的相似之處。

例如：日本資生堂公司就曾在一九八二年對日本女性化妝品市場做調查研究，按年齡把所有潛在的女性顧客分為四種類型：第一種類型為十五至十七歲的女性消費者，她們正當妙齡，講究打扮，追求時髦，對化妝品的需求意識較強烈，但購買的往往是單一的化妝品。第二種類型為十八至二十四歲的女性消費者，她們對化妝品也非常關心，採取積極的消費行動，只要是喜歡的化妝品，價格再高也在所不惜。這一類女性消費者往往購買整套化妝品。第三種類型為二十五至三十四歲的女性，她們大多數人已結婚，因此對化妝品的需求心理和購買行為有所變化，化妝也是她們的日常生活習慣。第四種類型為三十五歲以上的女性消費者，她們顯示了對單一化妝品的需要。然後，公司針對不同類型的消費者，制定了正確可行的銷售策略，取得了經營的成功。

你想辦好公司就不可粗心，要留心、留意市場中隱藏的商機祕密。想要做好品牌，就要懂得細分市場的重要性，否則將會遇到許多挫折，甚至遭受重創。其實要辦好一個公司，一個品牌，沒有達到「蜀道難，難於上青天」的程度，只要多留一點心，就可以解決品牌市場的一些問題，從中發現商機，順勢讓品牌崛起。

第六節　對市場做出快速反應

品牌走向市場，與人走向職場的道理有些類似。人走向職場除了靠知識外，應變能力很重要，品牌也是如此。產品品質良好是先天條件，如何應對市場變化則是需要培養的後天條件，只有先天、後天兩個條件都具備，才能讓品牌在市場上持續走下去。

近半個世紀以來，世界的人們懷著親切而崇敬的心情關注著「松下」，十分信賴與放心地使用著「松下」。松下電器產業公司從一九一七年創立至今已建立成為一個龐大的企業集團，生產各種電氣電子產品，諸如影像設備、音響設備、家用電器、資訊處理機器、電機設備、能源設備、廚房用具、電子零部件等等。公司的創始人松下幸之助被譽為「經營之神」。

松下幸之助於明治二十七年（一八九四年）十一月出生在歌山縣海草郡一個名叫和佐村的小山村。

年僅九歲的松下幸之助背負著病弱和貧窮這兩大人生的不幸，未等念完小學四年級，松下幸之助就離開了學校，來到大阪的宮田炭盆店當學徒。不久，炭盆店倒閉，松下幸之助又到五代自行車鋪當學徒，一待就是六年，直到十七歲。

此時，大阪市電車開通，年紀不大的松下幸之助已具備了實業家的敏感。他想到：「有了電車，自行車的需求必將減少，而電氣公司將來一定會大有前途。」

於是，那時的松下幸之助偷著跑到大阪電燈公司去工作，但未被立即錄用，三個月之後，才以補缺的機會在大阪電燈公司找到工作。

在這家公司，他工作表現很出色，二十二歲便被提拔為當時公司職員都嚮往不已的檢驗員。在此期間，他還試製成一種新型電燈插座，以「實用新案」獲取專利，就在他以極大的熱情和幹勁工作時，卻遭到了公司老闆的嘲笑。看到自己的發明不能被採用，加之他當時對工作的不滿情緒共同作用，促使他辭去大阪電燈公司的職務，松下幸之助就這樣走上了從零開始的創業歷程。

一九一七年六月，松下幸之助以二百元的本錢在大阪市一個叫豬飼野的地方租賃了一間四席大的房子，將它改造成「廠房」，製作松下發明的電燈插座，但第一批插座只賣出去一百個，銷售額不到十日元，不僅沒有營利，連老本也賠光了。原因是這種新型電燈插座只有利於減少電燈安裝工人的勞動強度和時間，而於電燈用戶無益。

「天無絕人之路」，瀕於破產的松下幸之助這時接到了北川電機公司一千個電風扇絕緣底盤的訂貨單，這批訂貨拯救了面臨倒閉的松下。到那年年底松下幸之助的工廠獲得了八十日元的利潤。第二年，即一九一八年三月七日，松下正式創立了「松下電氣器具製作所」。

一九二三年，松下幸之助的另一項發明，自行車車燈問世。這種可以用三十至五十小時的自行車用電池燈，其性能大大超過蠟燭，而價格卻低到和使用蠟燭一樣的水準。

這一充滿信心的產品，批發商卻不加理睬。為此，他採用這樣一種行銷戰術：雇用臨時工，向全市所有的自行車鋪贈送新式電池燈，每家三盞，並且將其中一盞點亮，保證連續使用三十個小時，以顯示新產品的高性能。

這一宣傳活動獲得成功，松下式自行車燈逐漸受到消費者的歡迎，市場從大阪擴大到全國，月銷售量超過兩千個，解決了資金周轉的困難，又一次挽回了企業可能倒閉的形勢。

一九二七年，松下幸之助研制電熨斗、電熱器、電爐等電器產品，並開始以「國際」商標出售產品，松下電器具製作所改稱松下電器製作所。一九三一年五月五日，松下幸之助發表了著名的「產業人的使命」演說，提出了經營策略，使松下電器製造所得到迅速發展。到一九六〇年代，松下已成為日本最大家用電器製造商。

隨著事業的擴大，人員的增多，新品種的不斷開發，經營管理的日益複雜，以前的管理辦法已不再適用。於是，松下電器製作所在一九三三年五月正式實行分權形式的事業部體制，一九三五年將貿易部門獨立為松下電器貿易公司。同年十二月，改名為松下電器產業股份有限公司，從此，松下公司就由松下個人投資經營發展成為合資經營的股份公司。

現代企業管理中，為了更好地完成工作，就要發動改革運動，因為行動敏捷的公司不是靠理想或是使命來向前發展的。他們會發動改革運動。只有這樣才能保持並開拓自己的競爭優勢。

對市場做出快速反應，是企業和品牌發展所必須具備的應變能力。很多公司使用的策略之一是集中精力快速切入市場，從而獲得已經被放棄、出售或者侵占的那些可能使他們獲得競爭優勢事物的優先權。

第七節　「禮品」開路，白蘭地傾倒美國

塑造企業形象，搶占市場的手段很多，其中「借力」公關是比較高明的一種。《孫子兵法》講迂直之道：「軍爭之難者，以迂為直，以患為利。」迂迴致勝，後發制人。

白蘭地堪稱法國的國寶，其釀造歷史已長達三百年。而法國生產的白蘭地酒中，又以干邑白蘭地最為著名。干邑是位於法國南部的[illegible]個小城鎮，這裡是法國有名的葡萄種植區，擁有近十萬公頃葡萄田。幾百年前，當地人就將葡萄釀製成白酒，儲藏到橡

木酒桶中老化，隨後經過一系列複雜精密地調配，才釀出這種金黃色的香醇美酒，人們稱之為白蘭地。因為干邑地區所生產的白蘭地最好，所以慢慢地「干邑」便成為名牌白蘭地的代名詞。干邑白蘭地發展到今天，產生許多享譽世界的國際名牌白蘭地。

在一九五〇年代，法國干邑白蘭地廠商為了進一步擴大世界市占率，把目光瞄準了潛力很大的美國市場。這時美國市場上義大利的葡萄酒已經占據了一定的優勢，如何才能既不顯山不露水地宣傳自己，又可以產生像廣告那樣的轟動效應呢？法國廠商為此特地聘請了一家著名的法國公關公司進行策劃和研究。

公關公司的專家們經過大量的資訊收集工作，以及對美國市場的情況進行多次實地調查之後，提出了一個大膽的實施方案。他們要利用不久即將到來的美國艾森豪總統的六十七歲生日，在徵得法國政府的同意和支持下，向美國公開贈送兩桶白蘭地酒為總統賀壽，並且以此事為引子開展宣傳活動。宣傳的內容和基調集中在法美人民的友誼上，但一定要突出「禮輕情義重，酒少情意濃」這個主題。方案把開始宣傳活動的時機定在了總統壽辰前一個月，而且就如何廣泛利用法美兩國的新聞媒介，如何具體進行連續熱烈地宣傳等細節問題，也擬訂了詳盡的執行計畫。

白蘭地廠商對這兩套嚴密周詳、構想巧妙的廣告計畫非常滿意，並立即付諸施行。很快，法國政府方面答應予以全力支持，並馬上就此事向美國外交部門通報，獲得了美國方面的同意。白蘭地是法國的國寶，酒廠與法國政府的想法不謀而合。

總統壽辰前一個月，一家美國報紙似乎是非常不經意地披露了一個從美國駐法國大使館得到的消息，這則資訊稱法國方面將派專人向美國總統祝壽，並將隨行帶上一份堪稱國寶的禮物。報紙的消息很簡短，但卻馬上引起了轟動，公眾注目的焦點集中在這份禮物到底是什麼上面。隨著各家大報的記者專程赴法國採訪，這一謎底很快揭曉，原來是法國干邑白蘭地。

法國白蘭地很快成了這個月的明星，它的誕生地、它的歷史、它的製作工藝和它那獨特神奇的美味，都一一在各種媒介上介紹給了美國的公眾，以滿足美國公眾的好奇心。在美國掀起了一個「干邑白蘭地」的熱潮。充滿了友誼情調的法國白蘭地簡直在美國家喻戶曉，幾乎所有的美國消費者都把它當作正宗和極品的標誌。

宣傳活動在艾森豪總統的生日那天達到高潮。在美國首都華盛頓的主要街道上豎立著巨大的彩色標語牌：「歡迎您！尊貴的法國客人」，「美法友誼令人心醉！」各個售報亭也整飾一新，擺放著美法兩國的精緻玲瓏的小國旗。報亭主人精心製作的「今日各報」的看板上，一隻美國鷹和法國雞在乾杯，造型奇異而可愛。醒目的標題提示著過往的人們：「總統華誕日，貴賓駕臨時」、「美國人的心醉了」。濃濃的友誼之情感染著每一個人。

在美國總統府白宮周圍，早已是人山人海，世界各國的遊客們雲集在這裡。人們面帶笑容，揮動著法蘭西的小國旗，翹首盼望尊貴的法國國寶白蘭地的到來。上午十時，贈酒儀式正式開始，來自各國的賓客垂手分列在白宮的南草坪廣場上，六十七歲的艾森豪總統面帶笑容準時出現在前簇後擁的人群之中。

由專機送抵美國的兩桶窖藏達六十七年的白蘭地酒，特邀法國著名藝術家精心設計了酒桶造型，而六十七這個數位，正好代表艾森豪總統的壽齡。四名身著紅、白、藍三色法蘭西傳統宮廷侍衛服裝的英俊法國青年作為護送特使，正步將美酒抬入了白宮。

艾森豪總統在交接儀式後發表了簡短而又熱情洋溢的講話，他盛讚美法人民的傳統友誼，祝願這友誼就像白蘭地一樣美味醇香！

此時的人群中立即歡聲四起，群情沸騰，人們情不自禁地大聲唱起了法國的國歌《馬賽曲》。人們似乎聞到了清醇芬芳的白蘭地酒香，品嘗到了法美友誼佳釀的美味。

從此，法國白蘭地酒暢銷於美國市場，而義大利葡萄酒則一蹶不振。從國家宴會到家庭餐桌幾乎都少不了法國白蘭地，人們品味它時，總會回憶起它不同凡響地來到美國的故事。

除了這個經典案例之外，法國的白蘭地酒廠在世界各地的廣告公關活動都很成功。比如在西方國家做廣告時，他們說「干邑技術，似火濃情」，把白蘭地比做藝術般精美誘人，把酒的芳香比做濃情般熱烈，非常貼近西方人的情感和現實；而在東方，特別是針對華人，他們又說：「人頭馬（白蘭地酒廠之一）一開，好事自然來」，這種吉祥的廣告語符合華人企望吉祥的心理，以及華人習慣在喜慶日子裡喝酒的風俗。幾年以前，人頭馬公司為打入中國市場，在北京崑崙飯店辦了一連串「吉慶廣告」活動。十多位青年挑著龍燈，敲鑼打鼓迎來賓。而來賓正是身著拿破崙大帝服裝的外國演員，表示他從法國來到北京是為了給兩對中國青年主持婚禮，請他們品嘗法國干邑白蘭地，給觀眾留下了深刻的印象。

有些時候，市場就在我們身邊，只要我們找對方法，就可以從看似堅固的市場週邊打通一條路，將自己的品牌推廣出去。

第八節　思路決定財路

商業化的社會，每個企業和品牌都希望能夠發財致富，用大家慣用的思維去做生意，是很難取得成功的。只有改變思路，與常人不同，甚至於相反，才能夠出人意料，獲得成功。

一個思路就是一條成功之路，一個新產品就是一個巨大的生產力，以新產品創造新需求，財富就會源源不斷地進入你的腰包。

在著名的杭州西湖邊的青山翠谷間，有個野雞養殖場，場裡飼養著各種色彩豔麗的野雞及野雞與家雞的雜交雞。在養殖場邊，還有一家專做野雞宴的餐館，供遊客在欣賞野雞的倩影後，品嘗美味的野雞肉。

養殖場的主人叫春霞，一位普通而幹練的農村婦女。她的成功故事是從一次打豬草開始的。那天傍晚，她在附近山上打豬草時，意外地發現了六枚野雞蛋。她把這些蛋拾回家中，並沒有吃它們，而是把它們放到了正在孵小雞的老母雞的窩裡。六隻小野雞很快就出殼了，不久便長成了大野雞。在她的精心飼養下，大野雞又生蛋了，蛋又孵出了小野雞。

就這樣，雞生蛋，蛋變雞。三年後，她竟在家鄉的小山溝裡建起了一個野雞養殖場。城裡人的嗅覺總是靈敏的。沒過多久，她養的野雞就出了名，很多遊客都慕名前來購買她的野雞。這麼大的需求量，她的貨很快就供不應求了。於是她靈機一動，產生了一個新想法 —— 把家雞與野雞進行雜交，培養雜交野雞。經過幾個月的試驗，她果然成功了。那些雜交野雞，既有家雞體型大的特點，又有野雞肉質美的優點。而且在雜交的過程中，還產生了很多新的品種。那些長著各式各樣漂亮羽毛的雜交野雞，看上去漂亮極了。由於到她這裡來的遊客甚多，這使她又產生了新的想法 —— 開一個野雞觀賞園。

各種漂亮的野雞，很快吸引了許多外地遊客。在野雞園旁，她又辦起了一家野味餐館，讓遊客們在參觀了野雞園之後，品嘗現殺現燒的野雞肉。一時間生意興隆，財源滾滾。沒過幾年，她就成了遠近聞名的百萬富婆。

其實，撿到過野雞蛋的人，肯定不止她一人。但利用幾個野雞蛋發財致富的人，為什麼只有她一人？因為當人們撿到野雞蛋時，大部分人首先想到的是今天的下酒菜有了，而不是利用「雞生蛋，蛋變雞」的原理，把這「蛋」的事業滾雪球般越做越大。

創意並不是用了什麼特殊手段，有創意的人只不過是比常人多想一點點，就這樣多想一點點，多嘗試一點點就能在市場上獨領風騷。善於創意的人總是走在時代的前列，他們擁有超前的智慧，不斷地引起市場強烈的震動，這樣的人做生意，會大大提高成功的機率。

農民出身的王先生憑藉自己的國中學歷，多年打工獨立創業。而今他的總資產已達兩千多萬。在王先生看來，自己的人生之所以會有如此巨變，是他憑藉獨特的思路去尋求財源的結果。

王先生出生於一個偏僻的小村莊，因家境貧窮，他唯讀到國中畢業就不得不背井離鄉闖天下。一九九一年，一無資金、二無文憑、三無背景的王先生隻身一人來到異地。之後的幾年中，王先生擺攤賣過水果，後來又做起了服裝生意，一九九八年，他已經小有積蓄。王先生始終忘不了自己因貧困輟學的往事，他想辦一個書店。這個時候，困惑也隨之而來：自己沒有多少學歷知識，辦書店能夠成功嗎？會不會把錢打了水漂呢？輾轉反側多日之後，王先生開始了長達一年的準備。他用幾個月的時間考察市場，中國的各大出版社、各大書店，他幾乎全都跑過。從廣州到上海到北京，王先生把看到的一一記在心裡。在確信學到了最先進的經營理念和經驗後，一九九九年年底，王先生將「三味書屋」

的牌子掛在了某市的一個繁華的店面上。這時候的書店僅有兩百多平方公尺，但擺設講究精緻，品種齊全豐富，再加上採用電腦管理，書店雖小，其模式在海南卻是最先進的，一開張就引起了讀者的興趣，生意相當紅火。

經營了一段時間後，王先生發現依靠打折、坐等讀者上門購書的經營方式無論如何也不可能迅速擴張，還有可能被對手逼入絕境。於是他開始對書店經營進行整體活動策劃。

最開始時策劃將當時中國的炙手可熱的演講「李陽瘋狂英語」引進書店。王先生很清楚地記得，當書店向李陽發出邀請的時候，李陽的助手以很忙為理由推託了。王先生沒有輕易放棄自己的計畫，他馬不停蹄地跟隨李陽的「瘋狂英語演講團」在各地奔波，最後不僅達到了預期的目的，還專門開闢了李陽瘋狂英語培訓基地。當英語愛好者為「瘋狂英語」而瘋狂時，書店作為引進者備受關注，爭取到了大量讀者。

幾乎是在同一時間，王先生策劃的「三味讀書節」也新鮮出爐。在讀書節期間，書店向讀者贈送了五十萬元的圖書，書店因此聲名大振，讀者群急速擴張。令那些曾經為王先生擔憂的人沒有料到的是，王先生的三味書店不僅沒有垮掉，反而在二〇〇二年一年內，連續收購了其他書店，一躍成為了當地圖書市場的霸主。

在完成第二次擴張的過程中，王先生又生出了新的困惑，書店除了賣書就不能賣點別的嗎？這個時候的王先生已經給自己的書店找到了新的定位，即要打造規模最大、品味最高的文化企業。

二〇〇二年年底，王先生精心準備的文化超市開業。五千平方公尺的文化超市不僅會聚了品種齊全的書目，還增加了文具、體育用品、音響、樂器、工藝美術品等，他的企業走上了文化產品多元化之路。

王先生用了四年的時間將一個營業面積僅有兩百平方公尺的民營小書店，發展成為擁有五千平方公尺的文化超市。王先生的成功就是不斷改變思路。在社會競爭日益激烈的今天，企業只有創新才能打開市場，只有創新才能打造出屬於自己的品牌神話。

第九節　獨角戲唱不得

專家說：「別指望壟斷性的獨門獨店生意能賺到錢，賺大錢就必須把自己融入大市場當中，因為每一個購買者都具有自己選擇的權力和心理。」

有一家公司，擁有半個街巷的店面空間。這個街巷附近，是很大的一個居民區。公司由於十幾年來經濟不景氣，只好對外招租。

有一對夫婦，率先在這裡租房，開了間風味小吃店，生意竟出奇地好。於是，賣麻辣燙的，賣豆漿的，賣涮羊肉的，賣陝西羊肉泡饃的，賣新疆大盤雞的，賣寧夏刀削麵的……全聚到了這條街上，這條街上人聲鼎沸，很快成了遠近有名的小吃一條街。

見租房的人生意這麼興旺，對外租房的房東再也坐不住了。收回了對外招租的全部門面房，趕走了所有在這裡經營各種風味小吃的人，搖身一變，自己經營起餐飲有限公司，以小吃為特色。但沒料到僅僅月餘，這條街巷又冷清起來，許多以前經常來這條街上的食客慢慢不再來了。公司的效益也出奇地差，自己獨家做生意的收入，竟沒有房租的收入高。

公司經理百思不得其解，去詢問一個德高望重的老市場研究專家。專家聽了，微笑著問他說：「如果你要吃飯，是到一個只有一家餐館的街上去，還是要到一個有幾十家餐館的街上去？」

經理說：「當然哪裡餐館多，哪裡選擇餘地大，我就會到哪裡去。」專家聽了，微微一笑說：「那麼你的公司壟斷了那條街巷的小吃生意，和同一條街上只有一家餐館有什麼不同呢？」

經理猛然醒悟，回去後，迅速縮減了自己公司的店，又開始對外招租，這條街巷的生意頓時又恢復了昔日的人聲鼎沸。

靠大市場才能賺錢，遠離了大市場，就等於遠離了客源。這是每一個成熟的商人都最明白不過的經營之道。

一個商人要在服裝大市場開一間服裝精品屋，他準備租下服裝市場最東邊的三間店鋪，他的意思是顧客差不多都是從東邊來，一來就首先到了他的門店裡，自己肯定就能占了服裝市場的頭等生意。

另一位朋友聽了他的打算後，搖頭說：「一個市場的領頭店，其實並沒有占上地利啊。」朋友不相信個市場的「頭家」門店，怎麼能占不上這個市場的地利呢？

那個朋友問他說：「你每次到市場上買東西，是不是見了就買呢？」他說：「怎麼能見了就買呢？至少要貨比三家，走一走，看一看，挑一挑吧。」那個朋友微微一笑說：「其實誰買東西都要走一走，看一看，挑一挑，不會一見就立刻掏錢買下的。你的店開在市場的『頭一家』，顧客可能一進市場就迎頭走進你的店來，但他們和你購物一樣，不會立刻就花錢買的，他們會到別的店走一走，看一看，然後才會決定在哪裡購買。見了就買，那不是傻子嗎？」那個朋友頓了頓說：「想依靠你的店是市場的『頭一家』來多招攬生意，怎麼可能呢？」

其實，哪個顧客購物，不是要走一走，看一看，挑一挑呢？這是每個顧客購物時的普遍心理，沒有人不貨比三家的。就像一潭湖水，靠近湖岸的總是最淺的，沒有人會在岸邊打漁，大魚總在潭的最深處，所以打漁人總是要到潭的最深處。

「頭一家」店何嘗不是離岸最近的「淺水」呢？誰會相信淺水裡藏大魚呢？最後，這位朋友在市場最裡頭低價位租下門面房，結果，效益非常好。對市場有了理解，對消費者有了理解，就能夠利用市場實現自己的目的。

中國有句話叫有捨才有得，能捨能得方為做人的最高境界，現在這句話要換個說法，做品牌要學會捨得，獨角戲最唱不得。市場永遠不是一個人的，精明的商家都明白，有錢大家賺的道理。想要一家獨占，結果必是物極必反。

第九章　開啟品牌行銷新時代

「開發——生產——銷售」是產品面市的一個過程，其中銷售是產品成為品牌，獲得消費者認可的重中之重的環節。品牌行銷成為各企業在市場競爭中立足的根本。沒有行銷，產品便會面臨著一出生便夭折的命運，因此，好的行銷讓產品有了成為品牌的希望。有希望，才能堅定信心，勇往直前的走下去，也才能最終在競爭中占據有利的地位。

現在社會，品牌行銷的方式越來越多樣化，各品牌根據自身的條件，為行銷開發適合的土壤。從以前簡單的口碑行銷，到現在的廣告，娛樂，體育等多種行銷，品牌行銷一直在不斷進步。可以說，我們迎來了品牌行銷的新時代。

第一節　廣告策劃，常用常新

提到行銷，很多人會想到許多銷售方式，每種方式都有成功的樣板供我們參考，比如，安利公司的直銷，NIKE 的店面行銷等方式，都得到了消費者的認可，獲得了成功。在眾多行銷中，都無法脫離廣告的影響，可以說是廣告讓這些品牌更為強大。

從商品行銷的角度來講，策劃就是造勢，好的策劃方案本身就意味著在具體操作上具有優勢。「計利以聽，乃為之勢，以佐其外。」《孫子兵法》強調策劃在整個作戰過程中的關鍵作用。在商戰中，除了拼產品品質、價格，還得拼策劃。

今天，用影星或歌星來推銷產品的做法已經屢見不鮮，這種做法最早源於一九五〇、六〇年代，是由百事可樂公司創造出來的，正是由於成功地策劃了這樣一個促銷策略，使得百事可樂公司成為能與可口可樂在商戰中一爭天下的世界著名企業。

幾十年前的某一天，麥迪遜大道（美國廣告公司的聚集地）的搭橋人傑．科爾曼接到著名歌星麥可．傑克森的經紀人的電話，經紀人說，麥可想辦巡迴演出，這需要大企業的贊助。

經紀人介紹道，麥可即將推出一張名為「顫慄（Thriller）」的新唱片，而他的前一張「牆外（Off the Wall）」唱片，一口氣熱銷了六百萬張，其中有四首成了最流行的歌曲，「顫慄」這張新唱片也一定同樣受歡迎，這是吸引大企業支援的堅實基礎。

「多少錢？」傑．科爾曼問。

「五個整數吧。」

「到底多少？」

「五百萬。」

「你哪來的這個數字？」

「這是麥可傑克森」經紀人強調道，「他比上帝還厲害。」

「麥迪遜大道有史以來最大的一筆交易，也才一百萬美元。」

「五百萬，要麼不談。」

「好吧！」科爾曼歎了一口氣：「應該為麥可找一家軟飲料企業贊助。對麥可這樣夢幻型、不嗜菸酒的青年來說，汽車、酒類都沒有意思。他需要一種柔軟、小巧、無害而有趣的產品，那就是可樂。」

百事可樂想到競爭對手可口可樂所擁有的哥倫比亞製片公司。那可是一個非常巨大的「明星」製造廠，百事可樂也有自己的明星，而風靡全美的麥可將是百事可樂領導新潮流的典型代表。於是狠心花五百萬美元讓麥可加入了「百事可樂大家族」。麥可將為百事可樂拍攝內部廣告片，並在巡迴演出中使用百事可樂的名義。

簽約儀式上，麥可對百事可樂負責人恩里科說道：「我會讓可口可樂對你們羨慕不已的。」

「麥可，這對我來說是最美妙的音樂。」

事實也是如此，麥可的形象確實深入人心，他為百事可樂拍攝的廣告片頓時引起了轟動，在首次播映的那個夜晚，青少年犯罪停止了，全國範圍內家庭用水量顯著下降，沒有人用抽水馬桶，電話也空下來，沒人打了。

伯克廣告研究公司的調查表明，這是有史以來最成功的廣告片。麥可的魅力 —— 他的外貌、他的歌聲、他的舞臺形象和他的動作造型，使觀眾沉醉。

這部氣勢磅礡的廣告片中，並沒有麥可飲用百事可樂的鏡頭。他只是唱歌和舞蹈，根本沒碰百事可樂，但百事可樂公司卻覺得這樣更好。這麼一來，這部片子就成了一個活動，而它不僅僅是一部廣告片，這就使百事可樂的形象同麥可的形象糅合在一起。

麥可的廣告片開播不到三十天，百事可樂的銷售量便開始不斷攀升，使百事可樂成為一九八四年普通可樂市場上成長最快的軟飲料。

隨後麥可的巡迴演出又掀起一陣全國性的熱浪，因為麥可不只對孩子有吸引力，且對孩子的父母及祖父母都有吸引力。百事可樂作為贊助單位，名字出現在巡迴演出的廣告上、旗幟上以及入場券上。另外也借機大肆辦理公關活動，例如買下百分之十的入場券贈送給新聞媒體；免費請孤兒觀看演出；在觀眾席的前排闢出一塊地專門請殘疾兒童觀看……結果又一次在全球各地推進了百事可樂的銷售。

啟用麥可後，百事可樂再接再厲，一九八五年又與當時歌壇明星萊諾．李奇簽約。這次，它請來了著名的劇作家菲爾．杜森伯萊編導這部將再次震動美國人的廣告片。

杜森伯萊認為：「去年（一九八四年）我們宣布了『新的一代』廣告片的消息，其中我們表現了一個人物的開始階段，這個人生活在近乎狂熱的激動中，今年我們可以著手從深度和特徵上來界定這一代人。而萊諾正是我們認為需要從節奏、感情和風貌這些角度擴展『新的一代』人的代表。他的歌聲，由衷的熱情和極好的風度，將使人們如醉如癡。」

在杜森伯萊這一思想的啟發下，廣告片開始即由李奇代表百事可樂說道：「你們知道，我們是整個一代新人。我們有新的情感、新的節奏和新的風貌。」

接著，李奇坐在鋼琴前說：「這新一代人的感情就是人們心心相印。」他和他的祖母共同出現在鏡頭前，這位九十多歲的老祖母引起人們極大的好感。

第三組鏡頭則表現由李奇主持一個規模極大的街區聚會上，他演唱熱門歌曲「夜演」的情景。這一廣告片和隨後李奇的巡迴演出也獲得了極大的成功，從而樹立了百事可樂「新一代」的形象。

一九八五年，百事可樂推出一種新產品——低糖百事可樂。既然百事可樂是「新一代人的選擇」，低糖百事可樂在 BBDO（廣告代理公司）的策劃下就命名為「新一代人選擇的一卡熱量」，同時 BBDO 還準備啟用一些可以代表新一代在各方面嶄露頭角的人物。他們也不必喝低糖百事可樂，最主要的是代表一種新形象。

策劃者擬出一份名單，其中有使克萊斯勒公司起死回生的艾科卡，有棒球隊的傑出管理人彼特．尤伯羅斯，有男高音帕華洛蒂。而百事可樂最感興趣的是名單上的第一位 —— 副總統候選人傑羅丁．安妮．費拉羅（Geraldine Anne Ferraro）。

雖然費拉羅在三個月前的大選中失利，但她是有所作為的婦女的代表。百事可樂想在廣告片中讓她以一位女性和母親面貌出現，以避開政治的影響。費拉羅非常樂意。BBDO 就策劃了一個獨具匠心的劇本。一開始費拉羅用一張報紙遮住臉，她的女兒走進來問道：「媽媽，你在找工作嗎？」這時她放下報紙（名人的臉出現了）說：「太有意思了。」接著她女兒來傾聽她的意見。費拉羅告訴女兒如今婦女可以有許多選擇，她們可以做任何自己想做的事。

然而這則廣告片播出後卻幾乎引發一場災難。很多與費拉羅持不同政見的公眾來信，他們反對「選擇」這一個詞，這個詞用於產品廣告非常有力，但用於政治方面便有完全不同的含義了。另外，新聞界也開始探尋百事可樂向費拉羅付了多少錢，是否有「行賄」之嫌。從這件事中，恩里科得出的教訓是：永遠不要把百事可樂同敏感的政治扯在一起。

廣告是打響品牌的重要途徑，尤其是電視廣告，當電視走進尋常百姓家的時候，電視廣告的發展就成為了一種必然。有很多有創意的廣告，這些廣告在向人們介紹產品的同時，也向人們描繪了一幅美好的畫面。廣告要想引起轟動，離不開「創新」這個詞，千篇一律，只會讓自己的廣告和品牌淹沒在海水下面，看不到廬山真面目，想擴大影響自然成了一種不切實際的幻想。因此廣告策劃要時常變臉，讓人們從廣告中看到品牌的成長和變化，唯有如此，品牌才能完成可持續發展的目標。

第二節　品牌知名度影響行銷

「故殺敵者，怒也；取敵之利者，貨也。」孫子指出重賞之下有勇夫，同樣，企業的知名度是企業最寶貴的財富，為塑造宣傳企業形象，應敢於投鉅資。有付出就有收穫。這是商家一種有效的宣傳策略。

我們知道，名牌是在擊敗競爭對手的過程中建立的，它必須給消費者帶來價值。就拿吉列刮鬍刀公司來說，該公司每年要發明二十種新產品，它五年中的銷售額有百分之四十來自新產品。吉列公司奉行的另一個原則是不定價過高。為了使它的名牌產品能為消費者帶來價值，吉列公司採取了價格和消費品指數掛鉤的做法。這家公司每天跟蹤調查一些價格在十美分到一美元之間的日常消費品的價格，其中包括報紙、棒棒糖和可口可樂等，使自己的刀片漲價的幅度永遠不超過這些日用消費品的漲幅。該公司認為，消費者有相對價值意識，一旦一些產品的價格漲得過高的時候，他們會覺得自己受騙上當了。

在一九八〇、九〇年代初期，寶僑公司的一些名牌產品受到一些不出名產品的挑戰。當時該公司由於變得過於龐大，機構臃腫，價格定得過高，技術程度下降，只能靠不停地促銷來維持。後來，寶僑公司決心進行整頓，在四年裡，該公司總共縮減了十六億美元的成本，並且計畫再用四年時間把成本降低二十億美元。因此，自一九九二年以來，寶僑公司對各種名牌產品的價格進行了調整，降價9%到33%；同時，還在研發新產品方面加緊步伐，一九九五年在世界各國申請了一萬六千多項專利，這個數字比三年前增加了一倍。

寶僑公司成功地扳回名牌產品名聲的做法使得微軟公司的董事長比爾蓋茲為之動心，出重金挖走了在寶僑公司工作了二十六年之久的市場奇才羅伯特・赫爾伯德，請他幫助微軟公司樹立自己的形象。赫爾伯德目前在微軟公司擔任最高業務主管一職，管理多方面的事務，但是他的一個重要任務就是提高微軟公司在消費者中的知名度。由於許多電腦軟體使用者並不知道微軟公司的名字，赫爾伯德在一九九五年八月領導微軟公司發動了耗資兩億多美元的「Windows95」的攻勢，極大地提高了品牌的知名度。

名牌產品不僅在推出新產品方面具有威力，在走向國際化的競爭中也對公司大有助益。就拿麥當勞來說吧，麥當勞的單筆產品廣告費用在世界上首屈一指。一九九四年，麥當勞在廣告和促銷方面的費用高達十五億美元。因而，當麥當勞到海外去發展的時候，好處是顯而易見的。麥當勞在南非首都約翰尼斯堡開張的第一天，有幾千人排隊等候用餐。麥當勞的最高行政主管表示，每當麥當勞進入一個新的國家和新的社區的時候，都會在第一天創下銷售紀錄。

這就是品牌知名度的力量，兩種商品擺在我們面前，品牌知名度將會影響我們的選擇，知名度越大，人們就越相信，這是一種大眾消費心理，這也是為什麼很多品牌選擇名人做代言的原因。因此，一個品牌要想獲得更大的發展，就要想方設法提高品牌的知名度，讓知名度這只無形的手推動品牌走向巔峰。

第三節　宣導消費者至上的行銷理念

「不知軍之不可以進而謂之進……是謂縻軍。」《孫子兵法·謀攻》指出，不瞭解軍隊不能前進而強行使軍隊前進，是瞎指揮，同樣向消費者宣傳產品而不懂消費者心理及當地文化，也是一種錯誤的行銷方法。

寶僑對每個不同地區文化形態的深入理解，是寶僑產品能在全球迅速推廣的根本之一。在進軍中國市場之初，寶僑公司在中國全境做了長達兩年的市場調查，對目標市場和消費群體建立了比較充分、清晰、客觀的概念。

寶僑公司歷來崇尚「消費者至上」的原則。早在一九二四年，公司就在美國成立了消費者研究機構，成為在美國工業界最先運用科學分析方法瞭解消費者需求的公司之一。起初，公司是雇傭「現場調查員」進行逐門逐戶的訪問，向家庭主婦瞭解她們如何使用寶僑產品，徵詢家庭主婦對產品性能的喜好和意見。到了一九七〇年代，寶僑公司又成為最早使用免費電話與消費者溝通的公司之一。迄今為止，寶僑首創的許多市場調查技術，仍被廣泛應用於不同的產業。例如：入戶訪問和觀察，舉辦消費者座談會，問卷調查，訪問商店，跟蹤調查系統，接收消費者信件，接聽消費者電話等。到目前，在全球每年使用各種不同的工具和溝通途徑與寶僑進行交流的消費者已超過七百萬人。

在中國，寶僑的這一原則也不例外。為了深入瞭解中國消費者，寶僑公司在中國建立了完善的市場調查系統，開展消費者追蹤並嘗試與消費者建立持久的溝通關係。目前，中國人的消費觀念還是比較保守和簡單，有些改變也還停留在較單純的「名牌崇尚」階段。寶僑在觀察、認識、理解消費者之後，很注意與中國消費者在各個層面上的溝通，相互增進瞭解以發揮對消費市場的良好導向。寶僑公司在中國的市場研究部建立了龐大的資料庫，及時捕捉消費者的意見。這些意見被及時分析處理後，回饋給市場、研發、生產等部門，以生產出更適合中國消費者使用的產品。

「消費者至上」這句話是許多企業和經營者常常掛在嘴邊的至

理名言，不過很少有人能將它貫徹始終。而寶僑公司卻是實實在在、不折不扣地將其付諸於每個環節當中。寶僑對消費者的重視和肯定除了體現在良好的售後服務和大量密集地與消費者的接觸外，還用自己的產品給予消費者消費心理上的極大滿足，將以消費者為中心的服務意識和精神不斷進行傳遞。「世界一流產品，美化您的生活」是寶僑公司對世人的承諾。

廣告在行銷戰場上是企業占領市場的一把利器。美國一位著名的廣告人曾經這樣形容：沒有精良廣告的產品，就像在伸手不見五指的黑夜裡，一個男人努力地向人們拋媚眼。

寶僑公司在中國投放的產品廣告，廣告的主角多是年輕的華人形象。他們青春健康，精力充沛，個性鮮明，充滿自信，這一切正好符合他們個性之中求新、求變、崇尚無拘無束和擁有一切美好事物的心理。從這方面，也可看出寶僑公司一直所宣導的消費者至上的原則。

這一高明之處是經過了多次失敗後才從中悟出的。寶僑公司最糟糕的一次產品宣傳發生在日本。當時，寶僑公司想把其尿布品牌「幫寶適」推入日本市場，在美國的「幫寶適」廣告展示的就是一隻栩栩如生的鸛鳥給遍布美國的家庭分發「幫寶適」紙尿布。它將這則在美國受到肯定的廣告，複製到日本播放，後來的市場反應卻令人非常失望。最後，在消費者調查中他們才發現，日本消費者對這種「這只鳥在分發一次性紙尿布」感到迷惑。在日本的民俗中，鸛是不接生嬰兒的，嬰兒出生在漂於河上的大桃子裡，漂到父母身邊的。寶僑的這則廣告沒考慮到兩國之間的文化差異，沒有獲取準確的文化資訊，所以廣告不被人理解，也就缺乏市場說服力了。

在今天，寶僑公司在廣告創意和形象代言人的選擇上，更加注重和尊重目標市場的本土文化，以其本土文化為依託和背景，再配以精練、獨特的創意，使每一則廣告都具有捕捉觀者注意力的亮點。

不同的文化淵源構成的文化差異，在對事物作出判斷時也不盡相同。尊重和把握這種差異，使品牌在更大範圍內適合不同群體的消費者，以適應作為品牌國際化的準備，更親近、更加理解消費者就成為企業的專業課題。

消費者是品牌生命之源，沒有消費者，品牌之花就要凋落。消費者至上的行銷理念，正是將以人為本從管理引入經營的全新做法，縮短了品牌與消費者間的距離。

第四節　這樣宣傳，低廉而有效

行銷是有過程的。很多公司並不清楚這一點，一些小的公司在打造品牌過程中通常沒有財力在各種媒體上展開頻繁的廣告宣傳攻勢。事實上，即使你已經從商很長時間，也不一定有大量的資金用於廣告宣傳。或者你已經嘗試了很多廣告的途徑和手段，卻還沒有找到一種真正行之有效的宣傳方法。

這裡有一種不需要廣告費的推銷方法，所需要的支出少，卻有效果，唯一的就是需要時間、精力和創造性。

1. 優惠券

你不必在報刊刊登廣告或進行大型郵寄宣傳品時分發優惠券，你可以在街邊、在商品展示會上或者任何合適的地方做宣傳。你還可以把它們送給你的老顧客，或者把「下次購買」的優惠券放在顧客的訂單中。

沒必要把贈券設計和印刷得很精美，因為人們關心的主要是贈券上的價格而不是形式。為了增加銷售或讓顧客下次再買你的東西，你要慷慨地贈送優惠券。

2. 競賽

人們喜歡競賽，他們甚至喜歡看到別人贏！你只要看看電視上轉播的體育比賽就知道了。如果你選擇進行促銷競賽，要把它辦得滑稽可笑，同時也別忘了大聲告訴別人這事。如果你的競賽辦得非常令人開心，媒體可能會進行報導，要知道這可是免費的廣告！

3. 小禮物

人們喜歡得到免費贈送的東西，即使花上高價買一件更貴的東西才能得到這份贈禮，他們也願意。這種辦法在化妝品產業運用得非常成功，其他產業也同樣可以效仿。買一臺性能最優的伺服器贈送一臺筆記型電腦，這種事情不是沒有先例。

4. 老主顧

無論在零售業還是在服務業，抓住老主顧對發展忠實的顧客人群作用很大。最常見的方法就是給顧客一張卡片，每次購買商品或者接受服務時都填在卡片上，在以常規價格購買幾次或接受幾次服務後，就有一次免費或打折。另一種辦法就是在顧客出示他的「老主顧」的打折卡後，對他給予打折的優惠。

5. 特別服務

特別服務或向當前顧客預告新商品是一種刺激他們購買你的商品並且忠實於你的好辦法。為了提高顧客的購買欲望，你可以對商品進行打折，但如果你的商品十分吸引顧客，打折的幅度可以非常的小。

6. 舉辦活動

在你的營業店舉辦一些特殊的活動，如請名人露面或者進行慈善捐贈等，這是吸引顧客提高知名度的好辦法，而且還能創造一種令人興奮的氛圍提高商家的聲譽，甚至可能還會被新聞報導！

7. 贈品

你可能會問，如果我把產品送了人那怎麼賺錢呢？其實這可比做廣告便宜多了，而且也容易做到。這種辦法被廣泛地運用於任何公司。

在公司間接做買賣時，你可以在拜訪你的老顧客或潛在的顧客時，給他們送些小禮物，以提高你的聲譽。禮物不能太貴，以免造成行賄的感覺，但也不能太差，否則會被扔進垃圾箱裡。

對於為消費者服務的公司，你可以向顧客提供免費試用。如果你是以服務為主的公司，也可以提供免費使用，然後讓顧客對產品做出評判。

零售業可以分送氣球或者其他新奇的小禮物，以激起他們對這家公司的興趣，並能記住這家公司。這樣的宣傳對在品牌起步階段是非常適用的。

第五節　備受看好的娛樂行銷

隨著人們生活水準的提高，人們的精神世界也豐富了起來，電影電視劇層出不窮，各類娛樂節目也以輕鬆的主題整裝上陣。讓人們在欣賞節目的同時，各種壓力和煩惱在瞬間煙消雲散。

網路時代的來臨，讓人們足不出戶就可以享受到各種服務。各種網路商店，各種專業網站這些虛擬的存在，卻真實的影響了我們的生活。現在網路找明星的時代已經來臨了，明星讓人們增加了對網站的信任度，同時，更加擴大了其影響力，特別是「明星代言＋創意廣告」，這種組合更是極大的引起了人們的興趣。

聚美優品的前身是團美網，中國第一家專業化妝品團購網站，也是中國最大的化妝品團購網站。在二〇一〇年九月，為了進一步強調團美網在女性團購網站領域的領先地位，深度拓展品牌內涵與外延，團美網正式全面啟用聚美優品新品牌，並且啟用Jumei 網域名。二〇一一年，聚美優品優雅轉身，自建管道、倉儲和物流，自主銷售化妝品。以團購形式來運營垂直類女性化妝品 B2C，打造另類的時尚購物平臺。

二〇一一年四月，聚美優品找來韓庚代言。聚美優品突破傳統產業的行銷定位，以娛樂時尚的形象從眾多電子商務網站中脫穎而出。與韓庚的簽約，讓眾多潛在消費者一夜之間便知道了聚美優品這一專業的化妝品網站。

在代言人宣傳上，聚美優品以韓庚與陳歐的星座為切入點，強調「兩個水瓶王子碰撞能產生什麼樣的火花」，星座題材引起女性消費者的共鳴。

聚美優品借助娛樂元素將品牌與潛在客戶的情感建立了聯繫，借此機會更多人認識了聚美優品的帥氣掌門人 CEO 陳歐。接下來，陳歐不斷在天津臺的一檔熱播的求職節目《非你莫屬》中出現，隨後又出現在中國第一檔美女綜藝脫口秀節目《Lady 呱呱》中，將娛樂行銷進行到底。

聚美優品憑著地鐵廣告和代言人打響了自己的知名度，地鐵裡的一句「女人你千萬別來」的廣告語讓很多人記憶深刻，逆向思維行銷恰恰擊中了女性消費者在採購化妝品時的消費心理。

聚美優品在娛樂行銷過程中，很好的借助了幾個媒體活動的集體共振，與韓庚簽約引來無數娛樂媒體的追逐，用各種娛樂節目繼續擴大其影響力，聚美優品用娛樂行銷創造了一個奇蹟。

這也是一種行銷上的突破。相信，以後會有越來越多的企業和品牌找到屬於自己的發展點，讓娛樂行銷發揮出更大的作用。

第六節　體育行銷，以世界盃之名

每次體育盛會，都牽動了不少人的神經，商家和消費者都忙碌起來，體育行銷的概念由此轟轟烈烈的開展起來，以體育活動為載體來推廣自己的產品和品牌，成為眾多商家不容錯過的一場對決。

二〇一〇年世界足球巨星梅西代言奇瑞瑞麒。找新生代足球巨星代言是奇瑞的世界盃行銷策略，在奇瑞之外，幾乎所有的汽車企業也都以世界盃之名開始了花樣百出的行銷活動。體育成為行銷的另一個充滿硝煙的戰場，成為行銷的熱門方式。

以世界盃為噱頭，到南非的比賽現場看球，無疑是最刺激、最吸引買家的方式。BMW 打響了「到現場去」的第一槍。二〇一〇年，在世界盃還沒有開賽之時，在 BMW 經銷商處做機油保養的消費者，就可以換取世界盃半決賽的觀戰機會。吉利汽車也舉辦了購買上海英倫海景，抽取現場觀看世界盃機會的活動，儘管獲獎名額只有十個，但有一萬多名海景車主註冊參加了活動，超過百萬的網友瀏覽了英倫的官方網站，大幅提升了英倫品牌的知名度。通用汽車則選擇在五月初世界盃話題逐漸升溫的時候推出活動，購買新樂馳可抽取西班牙 VS 智利比賽的門票。以上這些活動規模並不算小，不過與北京現代抽取兩百個中獎者的大手筆相比，就是小巫見大巫了。從四月中旬開始，節油大賽、里程王大賽、榮譽家庭評選、幸運車主等等一系列行銷活動，讓北京現代的關注度前所未有的提升。

二〇一〇年世界盃成為行銷的主戰場，各企業竭盡所能，來為自己企業及品牌的行銷創造有利條件。

東風日產另闢蹊徑，與中國 CCTV 合辦「超級球迷」競選活動，經由網路選拔和 PK 晉級等環節選出的「超級球迷」，將作為中國 CCTV 足球報導組的球迷觀察員，現場觀戰並報導世界盃，還能遊覽南非草原，同時獲得十萬元的高額月薪。有名又「有實」，誘惑全方位，不由你不動心。這就是體育行銷的魅力所在。

李寧公司的品牌國際化現在看來已經發揮了很好的效果，二〇〇六年九月，李寧公司贊助的西班牙國家籃球隊獲得男籃世錦賽的冠軍。而在稍後，簽約 NBA 籃球明星大鯊魚奧尼爾代言，則讓李寧品牌走進了權威的 NBA 市場，直接面對的是 NIKE 和 adidas。

在二〇〇八年北京奧運會的贊助上，儘管李寧獲得的運動隊數目較少，卻都是最有價值的運動資源，它贊助了跳水隊、乒乓球隊、射擊隊和體操隊等，中國家喻戶曉的體育明星大多集中在這些項目。張志勇的解釋是，集中資金去「砸」國人熟悉的明星，這首先是鞏固中國市場的一種策略。雖然這幾年發展不錯，但李寧的成長率仍然落後於 NIKE 和 adidas 在中國市場的成長，二〇〇三至二〇〇五年間，李寧銷售收入年複合成長率為 39%，低於 NIKE 的 41% 和 adidas 的 66%。

況且，讓張志勇拿出巨額的資金與 adidas 及 NIKE 拼廣告不太現實，體育品牌在市場推廣費用占銷售收入的比例在 15%左右，比如二〇〇五年李寧為 15.4%，adidas 為 17%，NIKE 為 12%。李寧公司二〇〇六年銷售收入為三十一億八千萬人民幣，而 NIKE 二〇〇六年財年的銷售收入為一百四十九億五千萬億美元。藍色創意品牌顧問公司超越競爭實驗室總監徐翔認為，「集中優勢兵力主攻」符合現代商戰的思維模式。

近兩三年來，奧迪杯成為球迷關注的另一焦點。二〇〇九年是奧迪品牌一百周年誕辰，為此奧迪公司決定在日內瓦汽車展之前舉行首屆「奧迪杯」為百年誕辰助興。首屆「奧迪杯」雲集了拜仁、曼聯、AC 米蘭以及博卡青年四大足壇豪門。而在二〇一一年，拜仁、AC 米蘭、巴賽隆納和巴西國際四大頂級足球豪門聚集德國慕尼克安聯球場，奧迪杯烽火再次點燃。

奧迪杯足球賽成功舉辦靠的是奧迪品牌與世界頂級足球俱樂部之間長久親密的合作關係。從二〇〇二年開始，奧迪先後成為拜仁、皇馬、曼聯、AC 米蘭和巴薩五大頂級足球豪門的合作夥伴，並為其球員、教練以及俱樂部官員提供官方及私人座駕。歷經近十年的親密合作，奧迪品牌已成為歐洲市場足球贊助認知度最高的汽車品牌，其贊助的俱樂部總價值最高，球隊在中國擁有的支持者也最多。

作為最具運動精神的高檔汽車品牌，奧迪始終致力於為世界頂級體育賽事裝備強勁引擎。足球、高爾夫、冬季運動和帆船是奧迪全球體育贊助的四大領域。奧迪不僅長期鼎力支持和贊助世界體育運動的發展，還傾情幫助那些富有進取精神和運動天賦的未來之星成就體育夢想。

奧迪將自己的精神，融入到體育事業當中，經由賽事，讓自己的品牌更加深入人心。這是一個良性互動過程，體育行銷成為奧迪品牌成長的見證。

體育行銷最基本的功用就是成為賣方（企業）和買方（消費者）改善或重建彼此關係的重要工具，雙方因體育運動產生了共同的焦點，把體育精神融入到品牌當中，並由此形成了共鳴，塑造出來的企業形象當然更不易動搖，進而帶動業績的上升。否則單憑幾次炒作，很難將品牌的核心文化傳遞給消費者，並讓消費者接受或認可的。世界很多知名企業都是在贊助體育事業中樹立了全球品牌形象，這才是體育行銷的真正意義。

國家圖書館出版品預行編目資料

品牌力量 : 無名小公司到全球企業帝國 , 麻雀變鳳凰的契機 / 黃榮華 , 申珊珊著 . -- 第一版 . -- 臺北市 : 崧燁文化事業有限公司 , 2021.09

面 ; 公分

POD 版

ISBN 978-986-516-811-7(平裝)

1. 品牌 2. 企業經營

496.14 110013655

品牌力量：無名小公司到全球企業帝國，麻雀變鳳凰的契機

作　　者：黃榮華，申珊珊

發 行 人：黃振庭

出 版 者：崧燁文化事業有限公司

發 行 者：崧燁文化事業有限公司

E-mail：sonbookservice@gmail.com

粉 絲 頁：https://www.facebook.com/sonbookss/

網　　址：https://sonbook.net/

地　　址：台北市中正區重慶南路一段六十一號八樓 815 室

Rm. 815, 8F., No.61, Sec. 1, Chongqing S. Rd., Zhongzheng Dist., Taipei City 100, Taiwan (R.O.C)

電　　話：(02)2370-3310　　　傳　　真：(02) 2388-1990

印　　刷：京峯彩色印刷有限公司（京峰數位）

定　　價：375 元

發行日期：2021 年 09 月第一版

◎本書以 POD 印製